U0176802

现代中式住宅：

居住空间的量化解析与操作策略

吴屹豪　著

东南大学出版社
SOUTHEAST UNIVERSITY PRESS
·南京·

图书在版编目(CIP)数据

现代中式住宅:居住空间的量化解析与操作策略/吴屹豪著.—南京:东南大学出版社,2020.7
ISBN 978-7-5641-9014-9

Ⅰ.①现… Ⅱ.①吴… Ⅲ.①住宅—建筑风格—中国
Ⅳ.①TU241

中国版本图书馆 CIP 数据核字(2020)第 131367 号

现代中式住宅:居住空间的量化解析与操作策略

著　　者:吴屹豪
出版发行:东南大学出版社
出 版 人:江建中
社　　址:南京市四牌楼 2 号(邮编:210096)
网　　址:http://www.seupress.com
经　　销:全国各地新华书店
印　　刷:虎彩印艺股份有限公司
开　　本:700 mm×1 000 mm　1/16
印　　张:10.75
字　　数:217 千字
版　　次:2020 年 7 月第 1 版
印　　次:2020 年 7 月第 1 次印刷
书　　号:ISBN 978-7-5641-9014-9
定　　价:49.00 元

本社图书若有印装质量问题,请直接与营销部联系。电话(传真):025-83791830

前　言

追寻中国自身的独特性，是中国各个文化科学领域自近代化以来的主题，建筑也不例外。试图创造具备中国特色的建筑以及与之匹配的理论建设，在近代以来备受关注，几代建筑师和学者都对此进行过长期的研究。同时也应当发现，不论是民国时期"吾国固有之建筑形式"的中山陵，还是新中国成立之初一时盛行于大型公共建筑以体现民族形式的大屋顶，乃至前几年自称为"业余建筑师"的王澍摘获普利兹克奖项，这些关乎中国建筑的探索呈现出国家引领或精英主导的乌托邦特征，难以进入寻常大众的视野。另一方面，与人民生活息息相关的住宅市场，如今却被房地产高速运转的资本所操纵，建筑师少有话语权并渐渐从创作趋向机械的服务，导致城市住宅设计千篇一律、水准低下。

21世纪初，在中国房地产市场涌现出一股"中国风"的热潮。现代中式住宅作为中国当代建筑文化中一种独特的现象和风尚，在进入房地产市场不到20年的时间里已经涌现出一大批分布于全国各地的"中式产品"，受到公众和市场的追捧。然而，中式住宅受制于各大地产商规模化生产运作，其背后却潜藏着诸多问题，最为突出的是理论思维的薄弱和学术体系的阙如。当前亟须建立一套独立于商业实践以外的理论架构，来解答诸如中式的含义、中式的判断标准、中式的表征类型等一系列基本的问题，从而正本清源，使建筑师获得更为深入的洞察和宽广的视域，树立起批判的意识和思辨的价值观，拒斥粗陋伪劣的资本主导，继而创作出兼具建筑学意义和市场性能的优秀作品。

本书希望通过寻求一种真正的具有分析性和自洽性的现代中式住宅理论体系，将其直接建立于对传统民居的空间形态深入调查探析的基础之上。根据建筑及其相关领域的学科规律，研究逻辑从认知过渡到应用，分为界定、评析和策略三个部分。

第一部分(界定)：针对当前中式住宅在房地产市场中语汇泛滥、概念模糊的现状，研究从"中式""现代"两个定语前置词的释义展开，将"现代中式住宅"编织进建筑史的参照谱系中，以此寻求深层次、结构化的内涵理解和意义探讨。接着，运用建筑符号学的理论架构，辨识出作为符号隐喻的"中式"在现代地产中的运用类型和相应的层级梯次，确立空间作为界分住宅中式特性的首要元素，为后续章节架构了目标和框架。

第二部分（评析）：首先分解建筑空间的属性，以传统民居和现代中式住宅的空间联系性为线索，阐明作为组构的空间是空间文脉得以传承延续的关键。继而考察梳理江浙传统民居在长期历史积淀下形成的独特空间样态，结合国内外空间量化研究领域的前沿成果，提出对住宅空间的中式性状进行量化评析的范式方法。研究分别提出并改进M型与J型空间拓扑图的绘制技术，据此构建出院落耦合度、标准深度比、全局整合度、环圈度以及链接度五项测度衡量中式居住空间不同方面的量化指标，剖析各指标的内涵与计算法则。在实证视角上，随机遴选不同时期、地区、品牌的24个已建成中式住宅项目作为研究组样本，另外挑选10个江浙传统民居作为参照组样本，逐一绘出各样本的空间拓扑图并予以定量化测度描述。通过数据的汇总和统计分析，对现代中式住宅总体各项指标的分布水平进行推断评定。最后综合五项空间属性指标，提出以现代中式住宅匹配度为目标函数的分值评价体系，以实现针对中式住宅空间的客观评价机制。

第三部分（策略）：从研究者逐渐切换到设计者的视角，探讨在思维模式与策略方法上实现住宅空间设计中式化的可能性。本书将空间设计模拟为基于分析（区隔划分）和综合（组织类并）共同运作下的黑箱，在此基础上提出面向设计过程的空间类型学，打通理论研究和实际操作设计的界限，探求“基因型”空间驱动的建筑创作思路和手法，弥补中式住宅设计在理论层面的盲区。研究以江浙地域为例，深入挖掘了中式居住空间常见的四类基因型——中心院落、廊空间、空间回游、入口空间，就各类基因型的古今形态及传承策略做了批判性的研究与解析。进而，建构出空间类型和量值测度双支持下的中式居住空间的设计流程，表现为基于“假设—检验”的循环思维结构，最后以市面上某住宅产品作为修正性实例，阐述该设计策略的具体应用步骤和最终成效。

吴屹豪

目　录

1 绪论

1.1 论题缘起

1.1.1 身份的焦虑——跨越百年的"中式"追寻

继王澍在2012年成为首位获得普利兹克奖的中国建筑师之后,2016年于哈佛大学设计学院(GSD)举办的题为"走向批判的实用主义:当代中国建筑"(Towards A Critical Pragmatism: Contemporary Architecture in China)的展览[1]中(图1-1),60位中国当代建筑师又一次集体登上了国际舞台,实现了中国当今建筑理论和实践的外向输出。然而,不论是坚守本土与文人路线的王澍,还是基于当代中国这个共同文化背景的新锐建筑师群体,当他们迈向世界建筑潮流时,并非以一种融合的姿态介入,而是某种抵抗。

图1-1 "走向批判的实用主义:当代中国建筑"展览(哈佛大学设计学院)

图像来源:https://www.gsd.harvard.edu/exhibition/towards-a-critical-pragmatism-contemporary-architecture-in-china/

究其抵抗的策略，始终围绕着对“中国的”精神在建筑不同层面、程度上的演绎展开与建构。“中国的”不仅表现为建筑地域身份识别的名片，还构成了纷繁图景背后“批判的”(critical)基点。事实上，如果从宏大的历史文化视野加以全景式的考察，就可以把眼下涌现的中国当代建筑纳入一场始自20世纪初叶的现代化进程当中，直至今天仍然还在理想狂热地生发与演进。从“中国固有式”到“中国传统理想”，从“民族形式”到“地域形式”，尽管时代语境和名词运用都在更迭，但基本的价值立场是一致的。我们可以观察到一种由身份自觉引发的焦虑和张力，将19、20世纪之交的知识分子和当代的建筑师紧密地连接在一起，并勾勒出一条跨越百年追寻“中式”的线索。

之所以强调这条贯穿的线索，一是应对这百年来普遍存在的范式更替现象——在这其中实现“中式”的路径及论述层见叠出，互相之间或相异或批判——本书试图为之奠定一个共同的理论基石；二是期望把本项研究的对象“江浙地区现代中式住宅”定位到一个关联的时空谱系中予以探讨。

试图创造具备中国特色的建筑以及与之匹配的理论建设，在近代以来备受关注，几代建筑师和学者都对此进行过长期的研究。遗憾的是，由于语义表述的差异性、对象范畴的宽泛性和时代视角的局域性，这些理论文献或建筑实践之间差异大而共性小。具体到选用怎样的词汇来阐述相应的中国概念、如何看待建筑创作中国特征式样化的问题、是否存在评价当代建筑中国化程度的标准等问题长久满足或止步于经验性的描述水平，似乎难以再打开新的论域或激起深入的讨论。另一方面，近些年房地产市场和装修界大量涌现的“新中式”风格也使部分学者因其庸俗化或广告化而不愿涉及关联的研究领域。

尽管当前中国的学术界总是习惯性地将“中式”一词视为某种单一的视觉风格理论，但在如今信息爆炸的时代，“中式”的叙述在非正统领域获得了强大的话语权，其内涵和外延都持续地得以拓宽。正如弗里德里希·黑格尔(Friedrich Hegel)曾指出：“凡是现实的东西都是合乎理性的。”当我们面对“中式”概念的混乱困境，采取规避或默许等理论上的消极态度都无法阻碍“中式”建筑的频现。

鉴于此，首先需要肯定“中式”建筑在当今存在的价值意义。其次，建筑理论学科应当采取科学客观的立场、方法，把握其源流、发展和衍化的规律，并建立完善的体系架构、评价机制和引导准则，支持和匡正市场集体的或个体的建筑实践。在这样的背景下，有必要首先对“中式”和“现代”这两个定语概念开展深入的学术反思，继而以住宅为对象提出问题逻辑和研究途径。笔者认为，厘清这两个概念的本源内涵，对“现代中式住宅”的机理解析都是客观且必要的。

本书旨在提供这样一种论点："中式"观念的实质是在全球化浪潮下，中国文化主体对"自我"身份焦虑的某种映现。本书将指出，可能存在着某种建立在"中式"基点上的普遍主义机制，能够打破惯性思维下的片面理解，它既不排斥视觉化的风格呈现，也不将自身陷入"形式主义"的桎梏；它既有形而上的尖端审视和思辨，又联系建筑市场庞杂的底层实践；它既有对"自我"身份意识的自觉，又消融"自我"和"他者"的绝对边界。它将"中式"作为意识中的内源观念，通过符号学的系统架构和调用，深度地参与并融入当今世界的建筑现代化进程中，最终形成相互塑造、相互贯透的普遍联系。

1.1.2 来自房地产的挑战——建筑师的核心担纲

希尔德·海嫩(Hilde Heynen)曾生动地断言："建筑毫无疑问是一种文化活动，但它也是一种只能在权力和金钱的世界里才能进行的活动[2]。"无论我们承认与否——正如马克思所揭示的那样——经济基础正决定着作为"上层建筑"(superstructure)的建筑活动。就实质而言，房屋建筑是以实际使用为主要目的兼具一定精神内容的多元、多维的人造物[3]，其背后潜藏着复杂的社会、经济动因。尤其是进入现代社会以来，建造房屋的人工成本和时间成本迅速下降，福特主义的流水线生产被推广到住宅建设领域，建筑不可避免地受生产手段和传播媒介的深刻影响。在这种意义上，住宅在很大程度上不是建筑师自由发挥的创造物，而是社会意识集体投射的必然结果。荷兰裔美国建筑师、宾夕法尼亚大学教授温卡·杜贝尔丹(Winka Dubbeldam)将当代建筑师的角色定义为"顾问"[4]，他们虽然时常处于被动的局面，但能够干预甚至挑战社会的传统观念和运作模式，从而展示出强烈的担纲意识。

近年来，我国建筑业正逐渐从2014年的谷底复苏，建筑设计作为勘察设计行业中最大的细分行业也似乎迎来了"春天"。从国家统计局给出的统计数据来看，从2016年起我国建筑业的总产值增幅逐渐回升并保持在10%左右的增长率水平(图1-2)。建筑设计行业回暖的主要动因实际上肇始于房地产业投资的增加：2018年全国房地产开发投资额逾12万亿元，相比于2017年和2016年有显著的增长，创造了一个新的高点。2018年的中央经济工作会议进一步明确了构建房地产市场健康发展的长效机制，为房地产市场的发展奠定了稳定的政策基础，由此，房地产将会在相当长的时间内保持其在整体建筑业中不可动摇的支柱地位。

若进一步考察近5年房地产投资额总量中各个部分的数值比例，则不难发

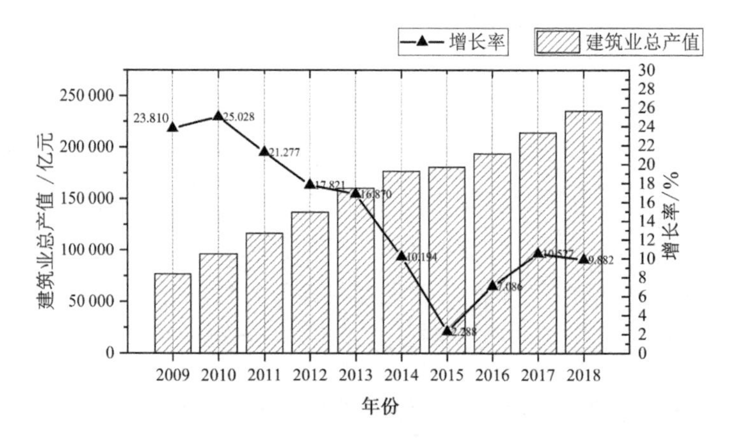

图 1-2　中国近十年建筑业的总产值及其增长率

数据来源：国家统计局《2018 年国民经济和社会发展统计公报》

现普通住宅投资额占据了七成左右的比重，构成了房地产业内的绝对主体。这些统计数据的背后反映出一般设计院承接项目的类型结构：一般而言，设计院的民用建筑项目可以分为公共服务项目和房地产开发项目两大类，前者主要有商场、酒店、办公楼、影剧院和学校等，偏重于社会属性；后者的主体是住宅，具有明确的商品属性[5]。在我国当前的市场环境下，对于大量中小型设计院及房地产公司下属设计院而言，业务类型的核心就是大规模建造的商品住宅。然而，相较于现实情形下房地产对建筑设计的深度介入，至今我们的建筑理论都未将二者的互构关系纳入学术体系，由于理论的偏失，住宅设计的范式和价值判断正逐渐面临“房地产化”，意味着被房地产的资本逻辑所“异化”。在这样的背景下，如何有效地弥补建筑理论的盲区和方法缺失将成为本书关注的重点。

房地产行业的经营对象、从业范畴和其在宏观产业链的结构位置以及建筑设计行业都存在很大的差别。聚焦到两个行业的主要交集——住宅，房地产商将其视作自由交换的商品、资本运作的筹码，其目的不在于房子本身，而是背后的经济价值，聚焦于工具理性；而设计业应对的核心即住宅这一实体，意味着设计方需要提供给卖家一件合格的商品，也就是能够居住的房子，聚焦于价值理性。

以上二者天然形成一对矛盾，主要表征为三种不同的互动、博弈关系，它们分别是“开发商—设计院”“开发商—公众”“公众—设计院”。在我国当前的市场环境下，设计院直接服务于开发商而非公众，有时甚至服务于各级政府，然而在国外，建筑师直接面对且服务于使用者，导致住宅设计的多样化与个性化。其原因在于，经济主导的建筑产业链结构中，房地产始终处于前端而设计居于末端，设计业既无法直接接触客户和使用者，也很难参与到市场的顶层策划，因为这两者都不自觉地卷入资本运作的范畴，直接的后果是住宅产品的大量复制和城市面貌的趋同。

回溯中国房地产界的发展历程，自 2003 年房地产业开始爆发，在 4 万亿项目开展后达到顶点并持续到 2013 年，这“黄金十年”的时间里项目众多、市场繁荣，房地产公司承接大量的住宅项目，其目标是在最短时间内将房子建成后售出，完成项目资金的快速周转。然而当时具备资质的设计院其实非常有限，因此设计院可能同时接受很多项目的委托。换言之，由市场供需法则产生了一个倒三角的数量结构[图 1-3(a)]，由于设计院有较多的项目选择余地，尽管建筑师在房地产的产业结构链中占有一定的地位，能收取不菲的设计费用，可是大量纷至沓来的项目使设计师不得不屈从于高速的产业运转，以数量来换取质量，以标准替代创新，最终导致其逐步地趋向单纯服务于房地产前端的定位。建筑师很少视住宅小区为“创作”，设计价值的缺席使传统设计院的地位日渐边缘化。

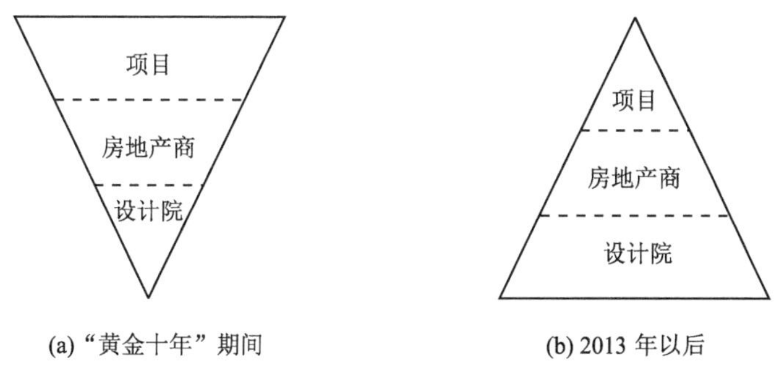

(a)“黄金十年”期间　　(b) 2013 年以后

图 1-3　房地产市场项目、地产商和设计院数量结构关系

另一方面，这 10 年的时间里诞生了不计其数的设计单位，全国各类院校扩招建筑人才，而房地产商之间则发生着激烈的竞逐，大量小型房地产企业被淘汰，仅剩下为数不多的大型房地产企业，此外全行业面临产能过剩，项目数量大幅削减，土地由增量转向存量的消耗，形成了一个正三角的数量结构关系[图 1-3(b)]。在当前房地产去增量化时代，设计行业面临严峻的挑战，房地产商极力地将设计费用限制为固定成本，且多采用招投标的手段使各方的设计报价多次竞争、多次下压。为避免这种恶性循环，设计行业的转型途径必然是部分地取代房地产商在各个层面的主导态势，以此来提升自身的行业竞争力。

笔者认为，目前最为切实具有操作性的方式是向市场提供高端化、特色化、精品化的住宅设计，增加住宅商品的附加值，从产品复制思维转向设计创造思维，从服务意识转向主体意识，以建筑学的专业技能打造设计品牌，缩短与大众客户的距离。否则，根据微观经济学理论，单纯的简单劳动和低门槛的市场准入规则只会使商品住宅的设计价值（表现为市场均衡价格——设计费）越来越低。由此，近年来在房地产界兴起的“现代中式”则指向了一条立足于建筑学内在价值观且面向市场的创新路径，从理论上对其进行回顾、总结、解析显得尤为必要。

1.2 研究背景

“中国风”在中国的商业地产界已经刮起了超过15年的时间，作为地产界的新生儿，2004年开盘的“清华坊”和“第五园”一经登场，立即引发了轰动，受到了公众和市场的广泛追捧，甚至学术界对这一现象也给予了一定的关注。2006年由清华大学建筑学院和中国建筑工业出版社主办的《住区》杂志特别设立了一期主题为“中国风”的专刊对此加以报道和评述。之后的十年里，伴随着中国楼市的疯狂扩张，在全国各地冠以“中式”之名的地产楼盘如雨后春笋般涌现，但是雷声大、雨点小，炒作大于概念，模仿大于创新，鲜有精品呈现于世，相应的学术讨论也逐渐式微。自2015年以后，房地产市场全面进入低杠杆、谋转型的新常态时期，绿城、万科、融创等几家大型的龙头房地产企业则再次将中式地产推向了大众视野，这一次掀起的“中国风”呈现出品牌体系化、仿古高端化和包装规模化的特征。

2017年1月，中共中央办公厅、国务院办公厅发布了《关于实施中华优秀传统文化传承发展工程的意见》，大力倡导、复兴传统文化，在这种文化政策的导向下，房地产商纷纷追随中式建筑的热潮，并将其视作打造旗下高端产品的核心竞争手段。面临着市场激烈的竞逐，在品牌日益上升至战略层面的时代，一味地诉诸产品功能的完备已经无法赢得消费者的青睐，借助新中式的高辨识度和时代性才能够强有力地为开发商提升品牌影响力，获得事半功倍的成效。不同于2010年之前第一代“中国风”的零散性、局域性和探索性，此轮中式地产的实现形成了相对完整、体系化的产品谱系。以地产业内的巨头融创为例，2018年10月，融创在上海特地为中式产品举行大型发布会，同时推出了包括雅颂系、桃花源系、宜和系和九府系的“中式矩阵”（图1-4），各系列分别依托于不同的朝代风格、文化形态和地域基因，以此为基础，将其适配到具体的城市地块中。

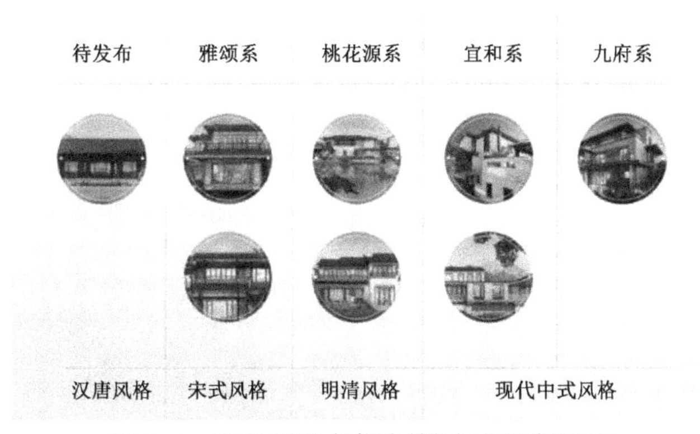

图 1-4 融创 2018 年推出的"中式矩阵"系列

图像来源：http://wemedia.ifeng.com/85437087/wemedia.shtml

融创试图将中式产品置于一个普遍的规则框架之下，类似的还有泰禾"院子系"、世贸"国风系"等，尽管产品的类目、分支、命名众多，但绝大部分都是低层仿古的"合院别墅"，由于传统的民居建筑在比例、法式和色彩上都已成型，仿古系列产品的主要目标是使用考究的材料、细致的工艺将其还原。这类仿古楼盘的定位趋向高端化，堪称主流市场中"豪宅"的代表，典型的如融创的桃花源项目（曾被美国 CNN 评选为全球最贵房产，图 1-5）。它们的典型特征是低

图 1-5 苏州桃花源庭院一景

图像来源：BEIJING SOTHEBY'S INTERNATIONAL REALTY

密度、设置围墙、照搬园林景观、沿用传统的瓦屋顶和装饰构件，目前已经形成了一套完备的经验模式和技术手段，在南方各地广为套用。

除了这类顶级的宅院式府邸的仿古取向，地产市场上居主流的是“泛中式”地产，越来越多的项目纯属将“中式”作为噱头或营销工具，目的仅仅是在前期的宣传中博得购买者的眼球。它们有的仅以亭台楼阁装点住区景观，有的只是在项目展示区或入口处植入部分月形门、马头墙等中式元素，还有的只是在立面材质上运用了“粉墙黛瓦”的色系来包装，此类“廉价”中式替代品的出现恰恰反映出一般消费人群对中式地产的盲目追随。虽然从长期来看，条块化、碎片化、非连续的中式形态难以推进传统居住文化的当代复兴，但是可以预见，“中式”宽泛的关联域、杂糅式的样态和程式化的表达仍将在很长一段时期构成房地产市场的主流。

纵观中式房地产十几年的繁荣历程，市场行为始终主导着发展的动向，这无疑酿成了理论思维的薄弱和学术体系的阙如。值得思考的问题是，各大地产商标榜的中式产品到底在多大程度上契合了中国传统的栖居文化，它们在建筑史的视野中应该被赋予怎样的定位和理解。我们亟须一套独立于商业实践以外的理论架构，来解答诸如中式的含义、中式的判断标准、中式的表征类型等一系列基本的问题，从而正本清源，使建筑师获得更为深入的洞察和宽广的视域，树立起批判的意识和思辨的价值观，拒斥粗陋伪劣的资本主导，继而创作出兼具建筑学意义和市场性能的优秀作品。

1.3 研究意义

本书希望通过寻求一种真正的具有分析性和自洽性的现代中式住宅理论体系，它直接基于对传统民居的空间形态深入调查探析的基础之上，而不仅仅通过对当代案例的总结归纳来得到某种普遍的范式，否则会导致批判视角的缺失，从而陷入柏拉图(Plato)所谓“摹本之摹本”[①]的困境。因此，整体的研究思维路径由三个部分组成(图 1-6)：最前面的是输入端，即研究的样本对象，由江浙传统民居与现代中式住宅实例两块支撑；中间层的分析部分涵盖了历史理论、建筑符号学、空间句法等多重视野，力图将住宅空间和形式中不可言的直觉性内容转化为严密化、理性化和规范化的表达；最末尾的输出端包含理论架构、评价基准和操作机制三项内容，兼具学术意义和理论与实践之互构意义。

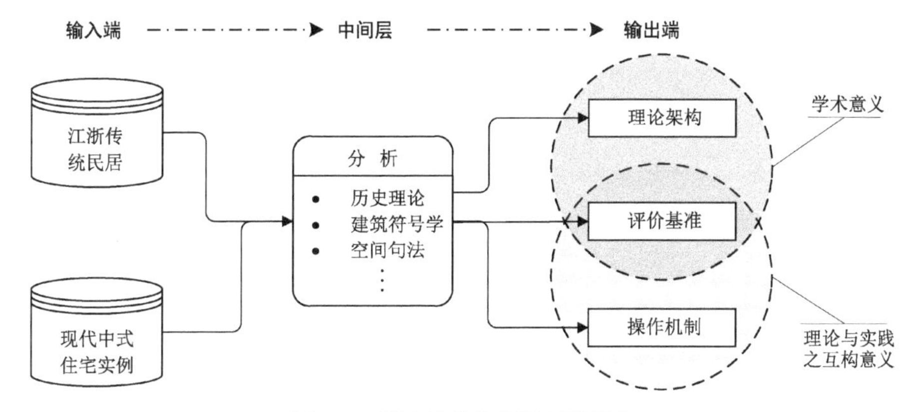

图 1-6　研究思维路径及目标意义

1.3.1　学术意义

(1) 界定现代中式住宅的外延和组织要素

当前的中式住宅的话语权掌握在房地产市场中，在学术界尚未专门针对其定义、外延和范畴认真地探讨，因此"新中式""仿中式""古典中式"和"现代中式"等语汇泛滥，所指模糊，在房地产市场上常胡乱混用，而学术界对此避而不谈。为扭转此二元相矛盾的局面，研究从"中式"和"现代"两个定语前置词的释义展开，将"现代中式住宅"编织进建筑史的参照谱系中，以此寻求深层次、结构化的内涵理解和意义探讨。

接着，运用建筑符号学的理论架构，辨识出作为符号隐喻的"中式"在现代地产中的运用类型和相应的层级梯次，通过归纳现在已经开发的、被冠以"中式"名义的楼盘，发掘和界定组成中式特征的组织要素以及其影响的程度大小和作用机制。综合以上多视角的界定梳理，有利于明晰研究路径、祛除混杂意义指向、规避错误盲目的价值认知，最终导向以空间为基本范畴的研究路径。

(2) 空间导向下的江浙传统民居研究

对中国传统建筑文化进行诠释是当前中国建筑学术界在现代化、国际化发展态势下最迫切的命题，以梁思成为代表的第一代建筑历史学家对此做了重要的奠基性工作，但是受制于时代的局限，不自觉地沿用了西方古典主义建筑的学术体系来研究中国传统建筑，势必在方法和对象之间构成矛盾[6]。最为突出的三点矛盾是：重视庙宇、宫殿等"主流建筑"而轻视作为"世俗建筑"的传统民居；聚焦于北方的官式建筑而忽视了南方多地的乡土建筑；偏重于立面风格的探讨而轻视空间样态的解读。

直到20世纪80年代后随着国外理论著述的大批翻译引进，相应的盲区才得以弥补，清华大学陈志华、楼庆西等在1989年首次将目光投向了江浙地区的传统民居，深入乡村进行资料采集和调研测绘工作，取得了丰硕的成果，整理出版了“中华遗产·乡土建筑”系列丛书[7]。截至目前，关于民居的相关研究和出版物虽层见叠出，除了调查的面域有所拓张，实质上都沿用了这套范式——依赖于翔实的测绘图纸并配合浅显的民俗学叙述。作为第一手资料的客观呈现，这一方法具有珍贵的历史价值，但是若从建筑学理论视野考查，则难免欠缺系统的关联和解理的深度，更难以直接转译出适配于当代建筑设计的法则。

有鉴于此，本书提供了一种传统民居诠释的空间视角，将研究的视野投向暗含着社会逻辑与审美特征的空间模式，借助空间句法、图论和类型学等科学方法加以有效地描述和剖析，进而识别具备普遍性秩序的空间“基因型”。

(3) 突破空间描述的瓶颈与局部技术创新

正因为使用日常体验式的词汇来描述建筑空间越来越难以清楚地表述空间的复杂关系，我们期待一种精准的形式化工具来总括空间现象的直观体验，从而发掘出蕴藏在大量样本中的一般规律，这一工具唯有通过一系列受严格概念限定的语词和公式来实现。本书聚焦于空间的“中式”属性，以江浙传统民居作为参照，调查、分析和判别现代中式住宅实现传统中国空间策略上的吻合程度，提出“中式匹配度”的量化评价指标。

方法论部分基于20世纪下半叶在西方建筑理论界勃兴的图论与空间句法，研究试图将二者进行关联结合，以填补它们各自的应用边界和缺陷。此外，在若干技术方法的局部——如J型图的自动生成、M型图的改进绘制、环圈自动计数及试验性指标构建等——本书进行了相应的技术探索和创新，对建筑空间拓扑量化的研究领域具有较高的借鉴意义。

实证策略上，本书就现代中式住宅和传统民居图像数据分别构建各自的“空间样本库”，运用数理统计学手段发掘、识别、总结出中式空间的规律特性，在此基础上结合各指标内涵，形成多面相、多目标的分值评价与权重法则，可以进行重复试验，具备较高的置信度。

1.3.2 理论与实践之互构意义

长期以来，建筑理论和建筑实践保持着若即若离的关系，建筑实践对建筑理论的轻蔑和攻击总是层出不穷，一方面从事一线实践的建筑师似乎不需要理论仍能顺利地进行建筑设计创作，理论常常堕化为矫饰设计作品的遮羞布或只是锦上添花;另一方面深居学术象牙塔里的教授学者也同样深感理论与市场的脱节,他们或者转向规划、历史、技术的研究领域而对不可言说的设计避而不谈。在此我们触及一个宽泛但却极为核心的问题:到底什么是建筑理论?它是否具有普遍的科学性?它以怎样的方式运作以指导实践活动?倘若无法克服这些疑难并给出令人信服的回答,那么整项研究将只具有建立在空中楼阁之上的学术意义,与研究的前提和初衷显然不符。

事实上,任何建筑理论都是通过运用概念、语汇或数字来描述建筑的形式或空间组构方面的内容以及它们如何影响建造的目的,从而试图将建筑创作中不可言表的方面用语言描绘出来[8]。建筑师无须借助理论就能从事设计活动并不意味着这个过程不受理论影响,正如虽然运用语言表达的过程不必借助现代语言学的深奥原理,但并不妨碍现代语言学成立的科学性和价值性,理论的意义在于揭示规律而非定制行为的规范。人类的所有认知行为和思维过程都可以划定为归纳和演绎两个范畴,前者由特殊到一般,后者由一般到特殊[9],建筑理论的常见形态是归纳,即通过分析已建成的建筑作品或已形成方案总结出普遍的规律。倘若从不同的角度出发可以建构出迥异的理论模型,因此建筑理论如同大多数的社会科学理论,不存在托马斯·塞缪尔·库恩(Thomas Samuel Kuhn)所定义的由科学共同体认定的范式(paradigm)[10],但它在严格限定的条件下是科学的。在演绎的范畴里,理论一旦涉及艺术核心创作的圈层就显得无能为力了,它必须绕开这个“不可言表”的神秘部分,这就构成了现阶段建筑理论的边界,同时也为创造性的过程留下余地。

在明确了建筑理论的概念属性和应用边界之后,现将本书拟达成的设计理论和实践的互构意义表示为双峰图(图1-7)。本书区别于纯粹理论体系的研究

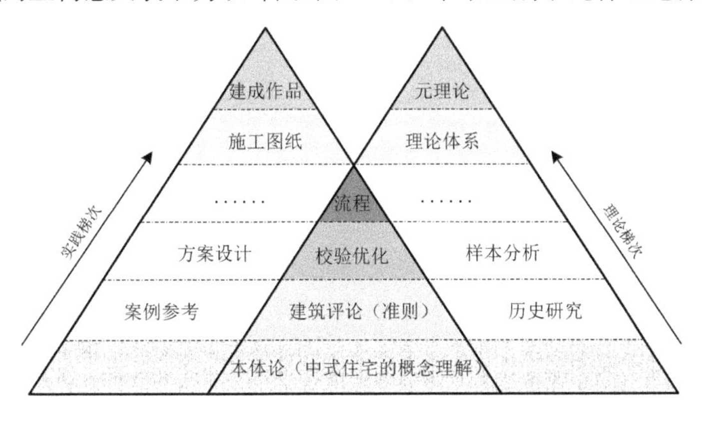

图1-7 设计理论和实践的互构意义双峰图

来源:改绘自张钦楠,张祖刚.现代中国文脉下的建筑理论[M].北京:中国建筑工业出版社,2008:37.

与实践指导的编制，聚焦于理论和实践互构的交集，其中由内源本体向外发展可以被区分为三个目标梯次：

(1) 梯次一(本体论的概念界定)：它是新中式住宅实践和理论共享的基础，为实践和理论的共同对象提供清晰化的外延设定与内涵建构，作为坚实的基础，诸多观念、语汇、操作都彼此兼容、相互依赖，形成“系统”——按照路德维希·冯·贝塔朗菲(Ludwig Von Bertalanffy)一般系统论的解释，即每一个概念要素都精确地联系而构成整体[11]。建立在概念共识上的系统无论对创作实践还是理论研究无疑都是必要的，因为只有承诺同样的规则预设，深入和突破才成为可能。

(2) 梯次二(建筑评论)：从本质上而言，建筑评论是一种批评意义上的建筑实践[12]，是理论的实际运用，也是实践对象的价值阐述。衡量住宅建筑自然有连续而开放的多重视角，但限定在现代中式住宅的风格范畴来做评判应该具有针对性且符合建筑学科的价值观。当前建筑评论集中在公建、乡建、民宿等类型，较少涉及城市住宅，这或许与住宅的实用性、商品性较高而艺术创作价值较低有关。本书在此方面进行尝试，运用空间量化的客观工具来描述、评析现代中式住宅的空间特性，不求泛泛而谈，而求精准深入。

(3) 梯次三(策略流程)：本书将建筑设计视为某种理性艺术，建筑(尤其是空间)设计当然不是科学，但也不能同艺术混为一谈，至少在很大程度上可能被整体地纳入以流程推理为基础的计算思维中。我们往往将设计过程中不可言表的部分归咎于直觉灵感，盖因暂时不了解其中复杂的作用机制，因此可以把这一部分独立地封装为“设计黑箱”，而设计过程的其余部分都能得到清晰的解释与理论支持。本书最后提出了基于“假设—检验”的现代中式住宅空间设计的思维方法与流程，将理论研究成果转化为方法论，能够直接为建筑师提供策略依据与实践支持。

1.4 研究综述

1.4.1 国内中式住宅研究成果

现代中式住宅作为当今房地产市场的宠儿，风靡全国十余年，但是在学术界激起的讨论却相对稀少，总体呈现出实践多研究少的局面。从现状来看，国内针对中式住宅的研究主要分为两类：①以媒体报道带动下的论坛型研讨；②以学术论文为成果的理论研究。

(1) 以媒体报道带动下的论坛型研讨

现代中式住宅在房地产界萌芽于2000年初，在2004年达到发展的高峰，短短一两年时间里，南京中国人家、西安群贤庄、成都芙蓉古城、苏州寒舍和杭州颐景山庄等一大批中式地产几乎同时破土而出。伴随着全国各地中式住宅集群式涌现，《中国建设报》主办了“中国风·新本土居住典范”论坛活动，以实现中式风格在业内的推广与动员。马国馨、郑时龄、崔恺和潘石屹等众多设计大师、知名学者、著名地产企业家出席了论坛，并就中式住宅勃兴的现象、取得的意义成就和未来发展的方向等方面发表了各自的观点看法，引起强烈反响。此外，论坛评审出“中国民居”“中国大院”和“中国名坊”三个类别共计21个获奖中式产品并予以专题报道。论坛结束后主办方将相关的讨论材料、内容整理出版为《中国风·2004新本土居住典范》一书。

紧接着，2006年由清华大学建筑学院和中国建筑工业出版社主办的《住区》杂志特别设立了一期主题为“地产项目中的中国风”的专刊。从不同角度对“中国风”进行报道：有来自专家、学者和开发商的评论，有专题文章的论述，还有实例的剖析。在性质内容上与《中国风·2004新本土居住典范》一书接近，但是增加了两三篇具备一定学术性质的完整论文，其中包括王受之对中式现代住宅发展历程的梳理回顾[13]。随着中式住宅在地产界的发展趋于平稳，相应的媒体报道在数量上大幅减少，相关的学术论坛也逐渐销声匿迹。

以媒体报道驱动的论坛型研究具有时效性快、专业人士话语分量重、影响面广的优势。但由于其兼具报道、推介等任务目的，这类研究不能算作严谨的学术研究，主要原因在于内容零散、主观性强、以口头评论观点为主。尽管学界和业界大咖云集，但每个人的侧重点都很分散，最终落实到以文字形式出版的篇幅则十分紧凑，很难形成一个完整的体系。从内容上来看也比较混杂，根据作者所处位置的不同大体上可以分为三类：①住建部官员、院士、勘测设计大师等业界精英，倾向于采用俯瞰或指点的口吻对中式住宅进行自上而下的点评，多为呼吁性、建设性和指导性的内容；②中式地产开发商、住宅项目建筑师，主要针对利益相关产品的介绍说明，多为宣传性、推广性的内容；③文化艺术人士，倾向于从各自不同的背景出发对中式住宅进行批评论述，与建筑学科的关系不大。

(2) 以学术论文为成果的理论研究

中式住宅以学术论文为成果的理论研究要迟滞于论坛研讨，大约始于2006年。《时代建筑》杂志将2006年第3期主题设为“中国式住宅的现代策略”，吸引了诸多高校教授、学者的研究论文与建筑评论。同济大学王信、陈迅通过对

2002至2005年间主要城市的中式住宅展开拉网式的检索，以长表的格式罗列了项目名称、地点、时间、面积、设计方以及中式宣传语等信息[14]。清华大学周榕以张永和参与设计的“运河岸上的院子”为例，对中式住宅产生的本质——时空叙事合法性的普遍焦虑进行了反思和剖析[15]；朱涛则采用马克思主义的社会经济视角对中式住宅进行了批判检视，认为中式住宅繁荣的背后折射出为新贵阶层服务美学化的包装姿态[16]。北京大学董豫赣从更宽泛的中西文化比较视角出发，拓展了中式的文化内涵，试图将文化的差距论还原为差异论[17]。遗憾的是在这之后，建筑学科的权威学术期刊均未刊载与新中式住宅相关的研究论文。

学位论文方面，华中科技大学汤鹏(2006)对第五园、观唐等若干典型的中式地产个案进行了SWOT分析，指出中式住宅存在的共性问题[18]。昆明理工大学王文俊(2007)引入了中式住宅与传统民居相关联的视域，对传统民居空间现代转译的类型学方法进行了论述[19]。同济大学黄鸣婕(2008)进一步对2001—2006年中式别墅的设计时间、所在城市、容积率与风格做了初步的统计分析，结合典型个案探讨了中式住宅的设计手法[20]。天津大学赵灿(2010)[21]和西安建筑科技大学李青青(2011)[22]以系统性、整合性的体系架构对新中式住宅的概念、特征、分类做了较为翔实的理论探讨，随即结合几个重复的典型案例总结了中式住宅常用的设计手法。太原理工大学王占君(2013)从文脉延续的角度探讨了在当代居民生活方式转变的前提下，传统民居空间传承延续的适宜性[23]。西安美术学院周靓(2013)将新中式视为一种艺术形态，运用艺术风格学的理论解析了当前新中式住宅在市场化中发展的瓶颈及面临的矛盾，并提出泛世界语境下的中式建筑概念[24]。

纵观国内对现代中式住宅的研讨研究动态，总体呈现消歇的趋势，核心领域的进展远滞后于中式住宅的实践(图1-8)，具体表现为：

(1) 论坛型研讨集中在2004至2006年，后续新中式的话题热度骤跌，媒体不再持续报道，建筑业内的权威专家学者也未对中式住宅的风向发展给予后续指导。有关中式住宅的学术研究除了2006年《时代建筑》的专刊外，则集中于2008至2010年各高校的硕士论文，2014年以来尚未检索到相关文献，逐渐淡出研究人员的视野。

(2) 期刊论文因研究视角的差异化，缺乏观点的相互整合，相对零散。教授学者都倾向于从宏观上对中式住宅这一建筑文化现象进行批判，主观介入性强，且较少涉及微观层面的考察，设计师很难从中直接地获益借鉴。除了2006(02)期《住区》和2006(03)期《时代建筑》外，未在建筑学的其他核心刊物上检索到相关文献。

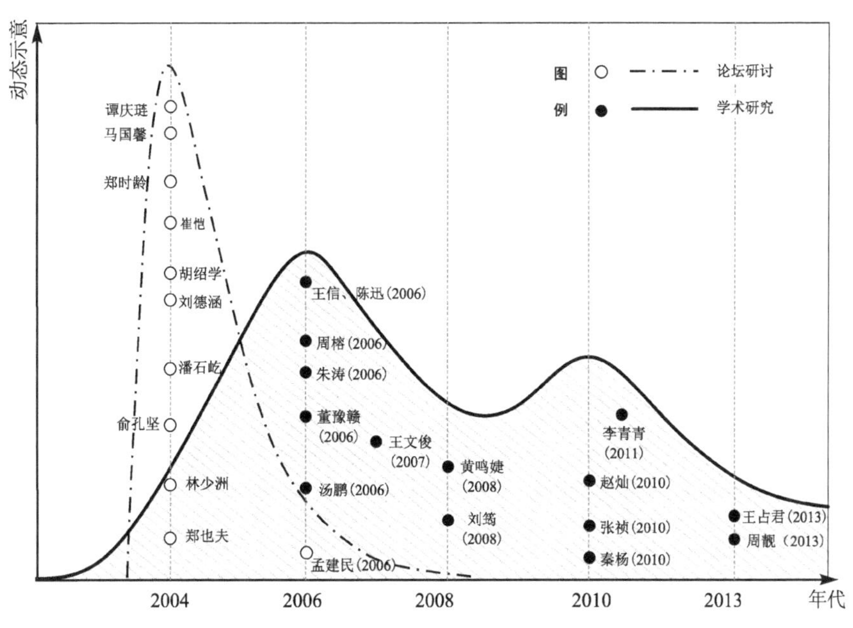

图 1-8　国内现代中式住宅学术动态分析示意图

(3) 学位论文方面存在内容重复的现象,很多文章的体系架构、研究思路、案例选取雷同,总结性的观点也颇为近似,缺乏创新意识。总体上欠缺研究深度,虽然贴近设计师的视角,但是偏重于描述性质、多为空泛的谈论,最终并不能导出得以落地指导中式住宅设计的方法论。此外,已有的研究成果中很少有严格的实证知识,科学性略显不足。

1.4.2　国外相关领域研究动态

(1) 民族风格与文脉主义

既然我们研究"中式",那么在国外是否也面临着复兴某种"国家+式"的风格称谓呢?显然不是,因为西方的建筑界早在18、19世纪就已经掀起了风格化的浪潮,伴随着"民族—国家"意识的出现,当时欧洲主要以民族来定义不同类型的风格,比如"德意志建筑风格""法兰西建筑风格"等,各种风格出于普遍的文化竞争之中,它们纷纷援引历史曾经出现的风格作为自己民族风格的典范。奥地利建筑师费舍尔·冯·艾拉赫(Ficher Von Erlach)首先奠定了民族风格的理论基础,他以视觉审美的趣味作为评判区分的标准,肯定了风格的多元性[25]。意大利建筑师和理论家乔丹尼·巴蒂斯塔·皮拉内西(Giovanni Battista Piranesi)通过研究意大利南部卡米尼(Camini)地区的建筑装饰,确立和发展出某种折中式样的民族风格。整体来看，这段时期的风格探讨集中在美学范畴内。

从 19 世纪开始，民族风格的特殊性逐渐地转向普遍性，历史的眼光演变为技术的反思。德国建筑师卡尔·弗里德里希·申克尔（Karl Friedrich Schinkel）率先做出了"反风格"的建筑探索，在当时遭到了民族风格支持者的批评，德国理论家亨利希·许布施在 1828 年出版《我们应该建造何种风格?》的册子中为申克尔的实践辩护，他在这本册子当中试图建立一种合乎技术逻辑、构思严密又富于创新的建筑风格，预言了 20 世纪现代主义国际风格的到来。现代主义因其强调普世的价值观念而忽视了对特定民族、地区和时间的关注。

一直到 19 世纪 60 年代，为研究城市和建筑形象形态的连续性及其与历史环境的相互关系和内在脉络，提出了"context"即"文脉"理念，暗示了一条从历史通向当代的途径，为形式发展指出了新的时间向度。文脉主义的代表人物阿尔多·罗西（Aldo Rossi）在《城市建筑学》（*The Architecture of City*）中写道："建筑形式还取决于建筑物在时空中发展为复杂实体的属性[26]。"文脉主义随即从意大利拓展到整个欧美建筑界，相关的学者及其流派有意大利建筑师格雷戈蒂（通过形式的转化展现环境文脉的本质）、阿尔多·罗西（"新理性"主义），美国建筑师查尔斯·摩尔（"量度元素"理论）、罗伯特·文丘里（主张建筑与其所在地点的相互关系）、查尔斯·詹克斯（"特定性＋都市化"）、柯林·罗（"拼贴城市"理论）等等，他们主张现代主义建筑和城市规划应注意建筑与传统及环境之间的关联和脉络。

(2) 建筑空间量化分析

自 20 世纪 50 年代以后计算机技术飞速发展，人类逐渐迈入信息数据社会，众多学科的研究范式发生着巨大的变革。许多建筑学家一直渴望提高建筑学科研究的科学性，试图像许多具有坚实理论基础的学科一样，对建筑学的一些理论以及现象进行精密可重复的试验、数据提取统计、严谨推理和分析，以获得逻辑性较强的结论。然而，建筑物及其环境是一个涵盖社会、艺术、工程等多学科领域的复杂系统，这决定了长期以来人们难以通过简单的数学或逻辑表达式来解释复杂的建筑现象。L. March 和 P. Steadman 在 1971 年发表的著作《环境几何学》（*The Geometry of Environment*）为传统的建筑学研究打开了一个全新的论域，他们利用数学理论如集论（set theory）、群论（group theory）和图论（graph theory）来构建建筑空间中的结构关系，例如"邻接"（adjacent to）、"相邻"（in the neighborhood of）、"包含于"（contained by）等[27]。1984 年，伦敦大学比尔·希利尔(Bill Hillier)和朱丽叶·汉森(Julienne Hanson)出版了新专著《空间的社会逻辑》(*The Social Logic of Space*),首次提出了空间句法理论,成为量化房屋与城市空间研究领域的奠基性思想,组构分析成为解析建筑与城市空间的重要工具。

在建筑内部空间的研究中,空间句法理论自提出以来就被广泛地采用,最具代表性的是朱丽叶·汉森在 1998 年出版的著作《解码家与住宅》(*Decoding Homes and Houses*),她将空间句法应用于小尺度的住宅,历史性地解读了英国乡村地区自文艺复兴以来的住宅空间样态,用定量的方法揭示了潜藏在空间背后的社会属性,进一步验证了空间句法在微观层面的效度[28]。

需要特别指出,目前空间句法理论的发展和普及在国内建筑界常常遇到一些困境和误区。一方面,因为伦敦大学开发的 Depthmap 软件容易操作,在已经有意识地运用空间句法的学者那里,很多研究人员仅将其作为一种分析甚至表现的工具,从软件导出一系列整合度、视线分析的彩图后便浅尝辄止,并未深入挖掘数据背后的内涵。殊不知,Depthmap 软件在技术上仍有很多局限,诸多重要的分析功能还未开发整合进去,甚至不能导出极为关键的 J 型图谱。反观伦敦大学研究生院或每年国际空间句法大会发表的论文,许多研究人员在不使用 Depthmap 软件的情况下仍取得有效的成果。另一方面,对于那些未曾深入接触过空间句法的学者、高校教师、研究生而言,空间句法的研究充斥着玄奥、陌生的术语和图表,似乎和其余的建筑学理论毫无关联,而且会错误地认为只要通过软件学习就能掌握这门知识。对此,东南大学段进教授指出:“相较于国际上的理论研究与技术开发,空间句法在中国尚处于肤浅的拿来主义阶段[29]。”其实背后一个重要的因素在于,空间句法研究的两本奠基性的著作——《空间的社会逻辑》《解码家与住宅》却由于种种原因均未被译为中文,加之原作内容艰深,同时涉及人类学、社会学、离散数学等对于建筑专业人员颇为陌生的学科,鲜有学者愿意完整透彻读完,由此造成理论的阙如。考虑到这些因素,本书在进一步深入之前将会对空间句法的理论基础首先做扼要的介绍。

1.5 概念辨析

1.5.1 江浙传统民居

中国位于欧亚大陆东部地区,其地理结构属于整个欧亚大陆地理结构的次级部分，拥有多元复杂的地理空间结构。试图对任何区域的文化进行清晰地划分界定都面临着很大的困难，民居亦是如此。在 20 世纪 70 年代以前，地域性的观念还处于空白的状态，彼时很可能出现把北方四合院民居与苏州园林宅院混为一谈的情形。逐渐地，人们意识到不同地域的民居在聚落形态、营建技术和功能空间等诸多方面迥然不同，于是开始区分南方民居和北方民居，嗣后进一步地建构出更精细的分类体系。然而随着类别的细化，关于标准的争议和分歧也随之而来。华南理工大学教授、中国建筑学会民居建筑学术委员会主任陆元鼎先生在 2009 年编撰了中国民居建筑丛书系列，兼以地区、省区和民族三重标准将全国民居划分为 18 个类型。不可否认，分类越细致，相应的深度和针对性也愈强，这对于以民居建筑为主体对象的建筑史或遗产保护无疑有巨大的帮助，但是对于设计导向的理论研究是否有益仍是值得商榷的议题。至少在本书的研究中，民居作为现代中式住宅效仿和复兴的对象是在一个相对普遍的视野中展开的，固然有时也会强调其依附的地域属性（如苏式、杭派等），但大部分情况下当代中式住宅的设计中亚地域之细微的差异要远小于其共性。由此，本书对传统民居的解读并不是依靠拉近镜头，而是要扩大视野，以透见一般的模式。

鉴于研究的深度能力和篇幅所限，加之笔者身处浙江杭州，最终选定江浙民居作为原则上的研究范畴。一方面，南方与北方的居住文化和民居形制尚有难以弥合的差异，南方又以江苏和浙江地域的民居最为典型。主要原因在于江浙地区相比浙闽丘陵以南的福建、两广地区受海派文化影响较小，在古老的吴越文化和中原文化的交叉融合中发展且巩固了一套独立的民居体系和观念意识。另一方面，倘若将事业局限在某个省域或是更小的地区，则有失普遍性，以至于扼制中式住宅创作的思路源泉。

综合以上因素，本书出现的传统民居特指江浙地区的民居，故对应的现代中式住宅也多指南方地区的实践。出现的民居的阐述也将涵盖、并置江浙各地区的民居例证，撇开细节差异的纠缠，形成一种共性的总结表述。

1.5.2 中式、新中式与现代中式

本书将中式、新中式与现代中式视作相同概念的同义语汇，因为无论表现的方式如何不同，从建筑符号学角度解释其本质都是符号的生产者（建筑师）力图将传统中国的精神理想嵌入隐喻层级，为通常仅指向居住功能的住宅添置了一个或多个信息层。符号的使用者（住户）在接收到带来的刺激和诱导后，有效地

辨识出代表物(传统建筑)、解释(传统文化的精神认同)和信息层数。在用词上,为了避免和装潢设计艺术专业惯常使用的新中式混淆,本书主要采用现代中式住宅来指代研究对象。

1.6 研究的思路方法与技术线路

1.6.1 研究的思路方法

全文的总体思路依循从宏观铺陈起始,以问题意识为导向,逐层深入、微距聚焦,先从实体样本提炼抽象法则,再从抽象法则还原具象设计。

研究对现代中式住宅作为科学认知的对象,探讨中式住宅能够区别于普通住宅的特质。全文首先从宏大的历史视域展开研讨,把中式住宅置于中国风格的现代建筑史语境中进行解读,将中式定义为一种广义的风格诠释。研究接着从“中式”“现代”两个住宅定语前置词的释义展开,借助建筑符号学的语义分析和要素解码,以剥丝抽茧的方法直抵中式住宅的内核要素——空间,作为全文关注与解析的重点对象。

考虑到建筑空间本身是一个涵盖面很广的系统,具有多重面向,因此研究以通用性的视角对建筑空间的两大属性及其子属性进行了分解,从中阐明作为组构的空间是传统民居空间文脉得以传承延续的关键。通过考察梳理江浙传统民居在长期历史积淀下形成的独特空间样态,结合国内外空间量化研究领域的前沿成果,提出对住宅空间的中式性状进行量化评析的范式方法。研究拟采用统计学的实证策略,分别从现代中式住宅和江浙传统民居的总体中择取一定数量的样本作为试验组和参照组,通过量值计算和统计分析对现代中式住宅总体各项指标的分布水平进行推断评定,最终建立起以现代住宅中式匹配度为目标函数的分值评价体系,实现从实体对象(建筑)到抽象法则(评价)的归纳。

研究下一部分的思路恰好反转过来,试图从抽象法则还原出具象的设计方案,探讨在思维模式与策略方法上实现住宅空间设计中式化的可能性。研究提出面向设计过程的空间类型学,并以基因型的解析与重组驱动中式户型的创作,同时借助分值评价体系,将整个中式住宅的空间设计设定为基于“假设—检验”的流程算法,文章末尾以市面上某款住宅产品作为修正性实例,验证该流程的具体应用步骤和最终成效。

1.6.2 研究的技术线路

研究的技术线路如图 1-9 所示。

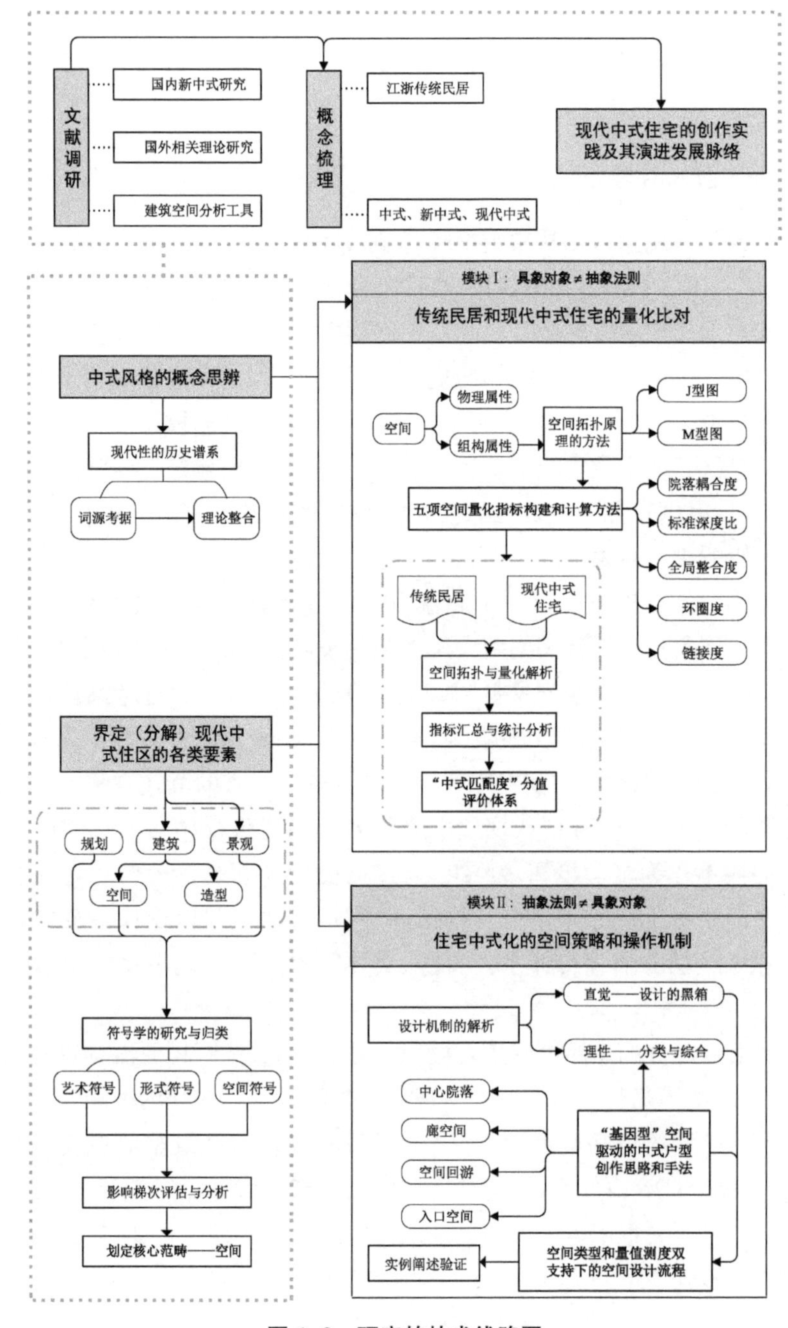

图 1-9 研究的技术线路图

注 释

① "摹本之摹本"的讽喻出自《理想国》卷十，柏拉图在这里批评了艺术只能模仿真实世界的幻想而见不到真理(理式)，因此和真实隔了三层。在本文的语境下，已建成的现代中式住宅项目或设计方案是传统中国民居的摹本，而效仿摹本的设计或研究只能是摹本之摹本。

参考文献

[1] 李翔宁.走向批判的实用主义——当代中国建筑[M]. 桂林：广西师范大学出版社，2018：6-7.

[2] 海嫩.建筑与现代性：批判[M].卢永毅，周鸣浩，译. 北京：商务印书馆，2015：18.

[3] 吴焕加.中外近现代建筑引论[M]. 北京：中国建筑工业出版社，2018：3.

[4] DUBBELDAM W. The Right Question[M]. Amsterdam：Berlage Institute，2003：269.

[5] 黄宇奘. 机遇与挑战：对新市场环境下建筑设计行业的思考[J]. 城市建筑，2018(31)：19-20.

[6] 赵辰."立面"的误会：建筑・理论・历史[M].北京：生活・读书・新知三联书店，2007：28-35.

[7] 邹德侬，王明贤，张向炜.中国建筑 60 年(1949—2009)：历史纵览[M].北京：中国建筑工业出版社，2009：208.

[8] 希利尔.空间是机器——建筑组构理论[M].3 版.杨滔，张佶，王晓京，译.北京：中国建筑工业出版社，2008：26.

[9] LAWSON A E. What is the role of induction and deduction in reasoning and scientific inquiry? [J]. Journal of Research in Science Teaching，2010，42(6)：716-740.

[10] 库恩.科学革命的结构[M].金吾伦，胡新和，译.北京：北京大学出版社，2003：10-18.

[11] 贝塔朗菲.一般系统论：基础、发展和应用[M].林康义，魏宏森，译.北京：清华大学出版社，1987：2-5.

[12] 郑时龄.建筑批评学[M].北京：中国建筑工业出版社，2014：2-3.

[13] 王受之.中式现代住宅的探索轨迹[J].住区，2006(2).

[14] 王信，陈迅.中国式住宅项目一览(2002—2005)[J].时代建筑，2006(3)：70-71.

[15] 周榕.焦虑语境中的从容叙事："运河岸上的院子"的中国性解读[J].时代建筑，2006(3)：46-51.

[16] 朱涛.是"中国式居住"，还是"中国式投机＋犬儒"? [J].时代建筑，2006(3)：42-45.

[17] 董豫赣.稀释中式[J].时代建筑，2006(3)：28-35.

[18] 汤鹏.中国当代中式住宅的调查与研究[D].武汉：华中科技大学，2006.

[19] 王文俊.当代"中式住宅"设计对传统民居空间的转译[D].昆明：昆明理工大学，2007.

[20] 黄鸣婕.现代中式别墅的调查与研究[D].上海：同济大学，2008.

[21] 赵灿.中国住宅的地域主义——新中式住宅研究[D].天津:天津大学,2010.
[22] 李青青.现代居住建筑的"新中式"风格设计初探[D].西安:西安建筑科技大学,2011.
[23] 王占君.新中式住宅中的中国传统民居建筑文化[D].太原:太原理工大学,2013.
[24] 周靓.新中式建筑艺术形态研究[D].西安:西安美术学院,2013.
[25] RAMPLE M, TENAIN T, LOCHER H, et al. Index[M]//Art History and Visual studies in Europe. Leiden: Koninklijke Brill NV, 2012: 35.
[26] 罗西. 城市建筑学[M].黄士钧,译.北京:中国建筑工业出版社, 2006:31.
[27] MARCH L, STEADMAN P. The Geometry of Environment: An Introduction to Spatial Organization in Design[M].Cambridge: MIT Press,1971: 8.
[28] HANSON J. Decoding Homes and Houses [M]. Cambridge: Cambridge University Press,1999.
[29] 段进,希列尔.空间研究 14:空间句法在中国[M].南京:东南大学出版社,2015.

2　界定：现代中式住宅的解读与诠释

语言是一种无人书写的社会契约，任何学院和群体都无法控制[1]。

——[美]查尔斯·詹克斯(Charles Jencks)

2.1　历史视域下的中国“风格”

2.1.1　“式”=“Style”——广义的风格诠释

今天，惯常被公众、学者理解的中式住宅是一种风格，即西语中的“style”，它的词源是古法语“*stile*”，它们都可以回溯到拉丁语“*stilus*”。在古罗马时期帕布利厄斯·泰伦斯·阿非尔(Publius Terentius Afer)和马库斯·图留斯·西塞罗(Marus Tullius Cicero)的著作中，“*stilus*”用于指代书体和文体的表达模式[2]。在后期词源的演化中，“style”的所指内容逐渐涵盖了语言、艺术和建筑等许多学科。在建筑学范畴内，援引《大英百科全书》(*Encyclopedia Britannica*)的诠释，“style”表示在特定的地域和时间区段内形成的某种恒定的建筑再现模式，它包含了内容(content)和形式(form)两大要素，其中内容的释义外延可以包含功能(function)、象征(symbol)和技术(technology)，形式的释义外延包含空间(space)、体量(mass)和组构(composition)，此解释使“style”以此完全摆脱了视觉形象意指的辖制，极大地削弱了其应用的限制(图 2-1)。

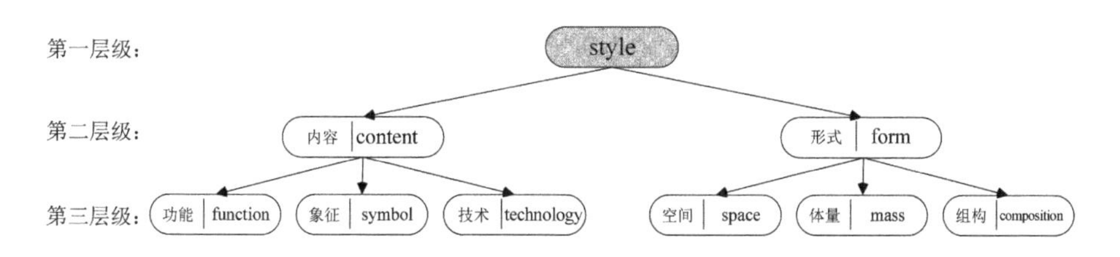

图 2-1　西语“style”的概念架构

在考察了西语体系下“style”的内涵之后，我们需要审视与其相对照的中文词汇，研究它们分别能够在多大程度上实现语义的对等，以此对当代中文语汇的选择和使用纠偏。中文相应的词语实际上有很多，且含义摇曳不定，王颖在其博士论文中曾经提出最接近英文“style”的译词为“风格”和“式样”，并运用“全国报刊索引库”对这两个中文词汇在1905年至2000年的使用词频进行了不完全统计，得出了“风格”一词的使用频次持续上升且最终占据主导的结论[3]。王颖的工作尽管具有开创性，但是缺失针对“风格”和“式样”两个中文词汇的词源考据和诠释①，此外古汉语当中一个重要的词化模式②（lexicalization pattern）——即常用单个字来表达复杂词汇的概念被轻易地忽略了。

鉴于此，关于英文“style”匹配的中文字词至少应该补充上“风”“样”和“式”，加上“风格”和“样式”，总共采选出五对字词，在予以深入的词源考据与诠释之前，首先通过查询权威词典与“style”相关的古今语义解释，形成初步的意义参照（表2-1）。

表2-1 五对与英文“style”相匹配的中文字词释义

中文字词	《古代汉语词典》解释①	《现代汉语词典》解释②
风	流传于世的社会风尚；风俗、民情	风气、风俗
风格	作家、艺术家在创作中所表现出来的创作个性和艺术特色	一个时代、一个民族、一个流派或一个人的文艺作品所表现出的主要思想特点和艺术特点
样	样式	形状、模样
式	标准、榜样	样式、格式
样式	—	式样、形式

来源：① 中国社会科学院语言研究所词典编辑室.现代汉语词典[M].7版.北京：商务印书馆，2017.
② 《古代汉语词典》编写组.古代汉语词典[M].大字本.北京：商务印书馆，2003.

表2-1提供了如下几点信息：其一，“风”显然涵盖了较大层面上社会特色和精神气质，在五对字词当中最为宽泛和抽象；其二，“风格”在古今始终与艺术作品关联，在古代偏向个体的特指，现代则突出群体的泛指，至于“风格”在古代具体所指的艺术门类和表达特征，并没有说明；其三，“样”“式”和“样式”三对字词的现代解释极为接近，均反映了某种视觉化的形态模式，而《古代汉语词典》给出三者的释义不甚明朗，尚要结合古典文献进一步析读。

在文言文中“风格”一词的运用较为普遍，采用北京大学开发的中国基本古籍库进行词语检索的结果显示，共有7 845个相关的条目，其中最早的使用可以追溯到三国时期曹植撰写的《曹集考异》：“子建与七子并游，而独能脱遗建安风格，作洛神赋”，引文中的“建安风格”是中国古典文学史上建安时期由建安七子引领的文学创作特色[4]。南北朝时期的文学品评（如刘勰的《文心雕龙》）和唐宋诗词都延续了这一用法，使“风格”成为中国传统文学评论的重要概念。直至明清时期，“风格”才逐渐出现在书画等视觉领域的叙述中，但数量仍然较少，例如明代李东阳撰《怀麓堂集》：“谁哉画此七骏图，风格虽同毛骨殊”、清代毕沅撰《中州金石记》：“碑文工整，字亦端修，有唐虞褚风格”。纵观各朝古籍，并未发现“风格”用于建筑物或器皿等实体物件的举句，这意味着“风格”偏向于描述抽象性的艺术门类，着重于其行而上的特质。

与之形成对照，“式样”在古汉语中往往和具象的实物系联，在古籍库提供的 2 252 条检索条目中，最早来自隋代灌顶撰写的《隋天台智者大师别传》，其中记叙了智者大师营建国清寺的过程：“标杙山下，处拟殿堂。又画作寺图，以为式样。”此处的“式样”实质上是这座庙宇的设计图样。它是一个非常具体的特指概念，同时引申出标准和示范的寓意，这与今天一般意义上的“式样”或“style”都有很大的内涵差异。

特别值得关注的是，在 19 世纪初期西方传教士罗伯特·马礼逊（Robert Morrison）编纂的史上第一部英汉-汉英字典《华英辞典》中，其中一个关于“式”的定义揭示了与“style”相称的内涵，马礼逊认为“式”是一种借由模仿（imitation）的规则和模式（rule and pattern）[5]。“样”在古代建筑中则往往和“图样”“烫样”等具体的营建物关联，和前文讨论的“式样”基本同义，然而清代出现的“样式”则以“样”为前置词来修饰“式”，所以具有相对抽象的特征，如“样式房”。

至此，可以将系联英文“style”的汉语字词定位到一个二维的坐标谱系中（图 2-2），图中横轴反映了从具象到抽象的程度，纵轴界定了建筑和非建筑的应用领域。这些字词分别占据着不同的象限或是同一个象限的不同区域，前文

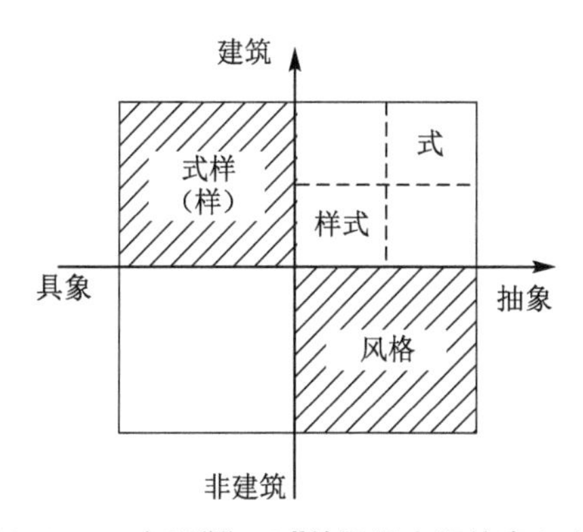

图 2-2　五对系联“style”的汉语字词的意义坐标

已经指出过“style”在西方建筑语境下的含义，显然更为趋向宏大的抽象叙述，这意味着“式”在古代汉语的语境中获得了与西文“style”最高的对等性。

综上所述，在古汉语的词汇库内，不论是描述抽象艺术的“风格”还是侧重于具象属性的“式样”，都无法实现与西语词汇“style”的意义对等，反倒“式”在中西各异的语境下能够实现语义的对等。出于历史的种种机缘巧合，“风格”一词在近代被选为与“style”互译的现代汉语词汇，实际上存在着语义的错位现象。在文学、绘画等艺术领域，“style”可以实现与“风格”的对等，但是在建筑学内，西语的“style”涵盖了更为宽泛和丰富的含义，而中文的“风格”在20世纪50年代就逐步地趋向视觉符号化，这使得当今在建筑学界提“风格”很容易招致各方的偏解。于是，一种更为广义的“风格”诠释的共识显得尤为必要，“中式”的概念提出从词源学的角度具有学术探讨的价值。

2.1.2 现代性与风格——风格的时间结构

在上文中，我们对“中式”的词源和词意作了详细地辨析，接下来需要对“现代”的概念进行阐释，二者之间拥有内在而广泛的关联。“现代”(modern)并不只作为一个名词的前置定语，它本身就构成了一个包罗广泛、跨越时代、地域和学科的文化现象范畴，通常采用“现代性”(modernity)来表征它的总体属性。“现代性”是发轫自欧洲基督教文化复杂而多元的概念，它同时被纳入社会学、哲学、政治经济和文化审美等诸多学科领域，并长期成为各个学科理论话语中的核心观念。在西方建筑的发展历程中，正是现代性催生了18、19世纪“民族风格”的意识，又在20世纪引领了现代主义运动，即使表观上二者是批判与被批判的关系，其实背后的驱动因素则同为现代性的意识。

关于现代性的定义，以英国著名社会学家安东尼·吉登斯(Anthony Giddens)在《现代性与自我认同》(*Modernity and Self-Identity*)一书中的表述最为典型，他将现代性定义为“在后封建的欧洲所建立而在20世纪日益成为具有世界历史性影响的行为制度与模式”。“后封建”意指逐步过渡到机器化大生产的工业时代，由此，工业主义和资本主义是撬动现代化的两个重要轴杆，而“民族—国家”(nation-state)的构建则是现代化的社会产物，它要求一种高度的主体自反性(reflexivity)③[6]。如果沿用吉登斯的观点来透视中国的现代性，将很难找到这两把轴杆，中国现代性的发生实质上导源于西方模式的外部促动和移植，这一点对认识政治、文化、建筑等不同语境下的现代性问题都至关重要。

返回到中国现代性的语境，中国建筑风格在时间结构上的演进受到的并不是内源性的推力，而是来自西方的外源性驱动。20 世纪两次“西风东渐”的历史进程构成了中国建筑风格转折的界标（图 2-3）。第一次发生在 20 世纪 20 年代，一批从清华学校毕业的庚子赔款留美学生归国，对中国建筑的现代化产生了巨大的影响。这些中国第一代的建筑师大多留学于宾夕法尼亚大学，师从学院派大师保尔·菲利浦·克瑞（Paul Philippe Cret）及其学生哈瑞·斯敦凡尔特（Harry Stenfeld）[7]，借此继承了欧洲民族古典主义的衣钵。他们一方面目睹了西方建筑体系的完备性和科学性，希望以留美所学的专业知识改造中国传统建筑的落后局面；另一方面，他们清晰地意识到建筑是民族文化的表征，试图创造出“中国之建筑式”（吕彦直，1929）。“科学性”和“民族性”的双重要求使中国近代的风格处于一种极不稳定的特殊性状态，新中国成立后在 20 世纪 50 年代出现的复古主义与形式主义的创作同样是这种状态的延续。

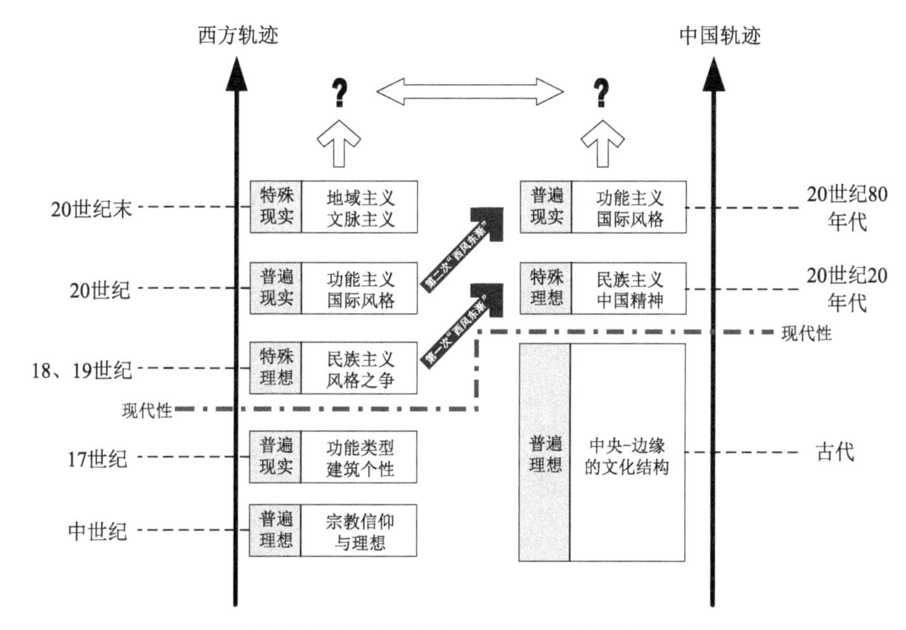

图 2-3　西方与中国建筑风格的时间结构演进轨迹

直到第二次“西风东渐”，也就是 20 世纪 80 年代的改革开放，中国建筑风格的发展才迎来了第二次现代性的机遇。这一次西方的现代主义风格大规模涌进中国，大量的设计作品和理论文本得到出版，密斯·凡·德·罗（Mies Van der Rohe）一度成为中国建筑学子追随的偶像[8]。长期陷入民族桎梏的中国建筑风格转瞬间获得了开阔的视野，然而仅通过照搬西方早已践行过的、甚至业已放弃的路数，同样不能具有稳定持续的风格，它会不断遭到异化并在最终被还原为特殊的存在。

我们将会看到，一种内源性的中国建筑风格正在当今后现代的世界中逐渐展开，并构筑了中国真正意义上的现代性。其中的意涵仍有待人们深入发掘，其可能性也远无穷尽。

综合 2.1.1 和 2.1.2 两个小节对“中式风格”和“现代性”的诠释，我们可以赋予“现代中式建筑”历史视域下的定义：主体不再下意识地遵循传统中国建筑关于空间和形式的直觉法则，而是将其置于现代性意识下中西方横向文化比较的危险境地，由身份意识的觉醒引致出创造性的抽象自省，从而达到更高层次下的建筑文化创新和跃迁。基于此，“现代中式建筑”既作为物质现实中的客体存在，同时又是跨越时间的现象过程，我们后面将梳理现代中式住宅的演进脉络来澄清和理解作为过程的住宅建筑。

2.2　现代中式住宅的创作实践和演进脉络

纵观民国时期的近代建筑史，可以发掘很多由中国第一代建筑师创作的“中国固有式”的建筑作品，它们涵括了政府大楼、医院、图书馆、天文台、陵墓等众多的公共建筑类型，但唯独住宅很罕见，大有被边缘化的态势。在赖德霖对基泰工程司等中国近代时期 7 个重要的建筑事务所或建筑师个人的代表作品所汇总的表格中[9]，我们发现全部的 106 个项目中仅有 4 个是住宅，分别是华盖事务所设计的惇信路住宅和董大酉设计的康平路住宅、吴兴路住宅和自宅，这四座住宅竟无一例外的都是现代式。尤其在董大酉的身上，“中式风格”的公共建筑和“现代风格”的私人住宅之间形成了鲜明的对比[10]，其中暗含了一种不自觉的价值意识——公共建筑是正式主流的建筑物，是民族文化的表现，建筑师应担负起传承中国固有文化的重任，而住宅是非正式的房屋，甚至无须建筑师的设计创作。这与第一代建筑师所受到的西方古典建筑学术体系是分不开的，他们当然意识不到恰恰是对住宅问题的关注激起了西方现代主义建筑的发展。因此对中国住宅现代化的探索要晚于其他建筑类型，而且在初期表现为集体式自下而上的转型，典型的代表是石库门里弄建筑。

2.2.1　历史的镜像：石库门里弄住宅

繁荣于 20 世纪初的石库门里弄住宅是中西居住建筑文化首次交融涵化④的产物，因其显著的民俗与匠作色彩而并不完全符合前文对“现代中式住宅”的定义，但是作为民间工匠和普通民众在面对新的生活方式和土地制度下进行的自发营建，为之后建筑师推动下有意识的中式住宅探索提供了内生的参照范本。倘若站在今天的视角审视，还能启示一种基于空间模式延续的差异化机制。

石库门里弄住宅聚集在上海、汉口（现为武汉市汉口区）、天津等大型的开埠城市，起因是大量城市和外围人口向租界区汇聚促使土地利用的集约化倾向，住房需求随之扩大，中国最早的中外合资地产业应运而生，住房因而步入了商品化的轨道。由房地产商成片负责并投资开发的里弄住宅实际上都由地方工匠具体负责建造，大多没有严格规范的设计图纸[11]。匠师的营建方式在很大程度上不同于建筑师的设计，创新求异的成分较少，往往是在遵照固定范本的基础上做适当的调试和改进，建筑形式的演化因而具有迟滞性。

由此，初期上海的里弄住宅的形制则完全脱胎于江浙的传统民居，但格局并不完全一致，出于人地关系的紧张局面，多进深、多天井、水平铺展的民居布局显然不再适应现代城市的用地状况，于是被迫引入欧洲联排式住宅的排布方式以化解这一矛盾：各户共用山墙、联排并置，平面形式仍保留传统民居围合天井式的内向特征，结构形式上也仍然采用传统立帖的砖木结构，保留马头墙、木门窗等装饰构造[26]。外围的围墙高达 5 m，围合出住宅内部的私密性，房间对外很少开窗，向天井一侧则非常开敞。

不妨以一个典型的二层三开间的石库门里弄住宅单元（图 2-4）为例，考察其与江浙传统三合院民居（图 2-5）的关联和差异。两者平面图初看之下非常接近，均是南北向轴线对称，前部天井的格局，相似之处还包括围墙正面中心设置入口，天井的左、右侧为厢房，正中为对着大门的厅堂。如果我们近距离检视它们的差异，首先注意到的是二者尺度的巨大差别：石库门里弄住宅横向只有三间，开间跨距为 3.6～4.2 m，纵向深约 16 m，总占地面积大约为 200 m^2[12]；江浙传统三合院民居属于典型的“十三间头”形式，正房三间居中，东西两翼各有三间卧房面向天井，转角处另有两间用作储藏[13]，这样总共面宽约 30 m，进深约 20 m，总占地面积大约为 600 m^2。

建筑尺度的差异自然导致了空间形态的差别，形态的概念并非侧重空间本身，即便在形状、功能、视线等要素都接近的情况下，各部分空间的关系组织仍旧可以表现出不同，这就容易酿成貌同实异的现象，继而混淆我们对空间特征的解读。这里有必要离析出里弄住宅和传统民居空间的组织差异性，同时尽可能采用限定性的概念语言而避免直观模糊的表述。

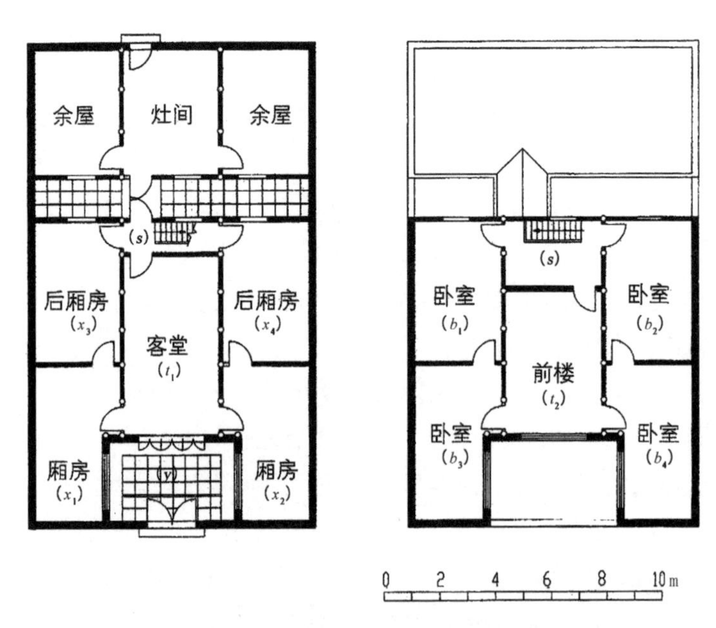

图 2-4 上海典型的石库门郭仁里里弄住宅平面图(左：首层平面，右：二层平面)

来源：改绘自杨秉德. 中国近代中西建筑文化交融史[M]. 武汉：湖北教育出版社，2003：235.

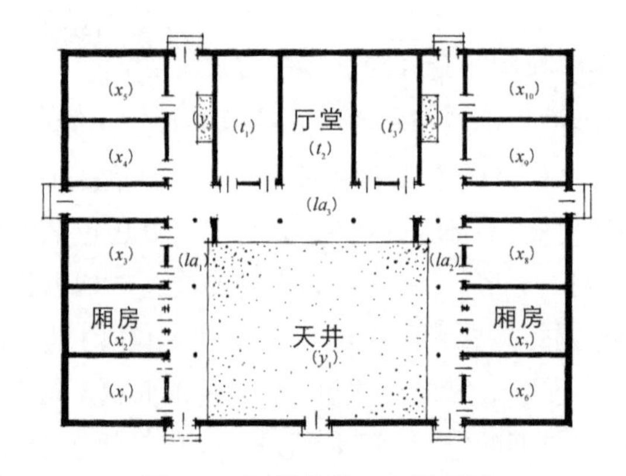

图 2-5 江浙传统三合院民居

来源：改绘自 KNAPP R G. China's Vernacular Architecture：House Form and Culture[M]. Hawaii：University of Hawaii Press，1989：46.

很容易观察到，两者最突出的差别是“廊”空间在里弄住宅中的消弭，江浙传统三合院民居的 17 个空间分别由 13 个功能性房间、1 个廊道空间与 3 个天井构成，廊道首尾两端均与外界联通，所有的房间及两侧微缩的天井都能且仅能从廊道进入，它们相对于廊道的关系是均等的。结合希利尔等提出的表意语言(ideographic language)[15]，可以概括图 2-5 中江浙传统三合院民居空间组织的方式如下：

$$E\ (la_1(x_1,\ x_2,\ x_3,\ x_4,\ x_5,\ y_2)\cup la_2(x_6,\ x_7,\ x_8,\ x_9,\ x_{10},\ y_3)\cup la_3(t_1,\ t_2,\ t_3)\cup y_1) \tag{2-1}$$

式中，E 为外部空间，la 为廊道空间、$x_1,\ x_2,\ \cdots,\ x_{10}$为左右两侧厢房，$y_1$为中央主天井，$y_2,\ y_3$为两侧微缩天井，“(　)”代表空间的包含关系，即括号内的空间须经由括号前的空间方可到达，“∪”表示两侧空间可以互相抵达且相对于上一层级空间的关系均等，“,”表示两侧空间不可达但相对于上一层级空间的关系均等。

根据式(2-1)，传统民居的空间系统可以被简化地描述为 3 个廊道“空间组”并上 1 个中央天井空间，结构关系一目了然。接下来运用同样的思路概括石库门里弄住宅前半部分的空间组织关系如下：

$$E(y(t_1(\langle s,\ x_1\rangle(x_3),\ \langle s,\ x_2\rangle(x_4),\ s(\langle t_2,\ b_1\rangle(b_3),\ \langle t_2,\ b_2\rangle(b_4))))) \tag{2-2}$$

式中，s 为楼梯空间、x 为厢房(编号标识见图 2-4)，b 为二层的卧室(编号标识见图 2-4)，$t_1,\ t_2$为两侧微缩天井，“〈　〉”内的空间同时包含紧邻的“(　)”内的空间。

对比式(2-1)与式(2-2)，式(2-2)中存在五道层级关系且同层级之间互不可达，而式(2-1)仅存在两道层级关系且同级之间均可互达。反映到建筑平面中，石库门里弄住宅的各个房间相互穿套，最内部的卧室空间和天井之间相隔了 4 层，在江浙传统三合院民居中由于廊道和院落处于同级关系，这一距离只有 1 层，意味着私密性诉求的变化。值得注意的是，在式(2-2)中，相同的楼梯空间 s 在同一层级内反复出现了三次，构成了类似于式(2-1)当中廊道“空间组”的效果，发挥着连接全局的作用。若加上未被表达的后部灶间区域，则楼梯空间实际上成了石库门里弄住宅内连接性最广的“内核”，但是在空间的物理意义上，楼梯间往往昏暗狭小，空间闭塞，无法还原传统民居中廊道的空间品质。

综合以上的分析，尽管江浙传统三合院民居和石库门里弄住宅都是由世代相传的地方工匠营建的，它们拥有相同的分户单元模式、前院后宅两厢的基本格局和贯穿南北的对称轴线，然而小规模、批租式的城市地块开发和租界内“华洋杂居”引发的生活方式变更使得石库门里弄住宅并未因袭旧制，而是在重构了空间的组织秩序以便适应新的时代背景。从根本上来讲，石库门里弄住宅并不能纳入"现代中式住宅"的范畴，因为它是以传统民居作为蓝本，依循外部条件的变迁而逐渐调适演化的结果，工匠自发的营建性质使其缺乏深刻的能动意识和角色认知，注定迟迟难以获得建筑的现代性。诚然，在当时的历史条件下，并不存在促成中国本土建筑向现代蜕变的文化土壤，但也正因为错过了这一历史契机，当西方现代主义建筑大规模涌入时，我们传统的建筑体系遭到全方位的崩溃，以至于当前被迫在现代主义建筑的基层上重建传统风格。如此看来，20 世纪初的石库门里弄住宅提供了一个极佳的历史镜像。

我们在这一节里引入了描述空间的表意语言，它实质上是借助集合论的思维来研究空间的关系，利用这一工具可以有效地揭示出潜藏在相同平面图案之下的构型分异。由此，空间的关系而非单个空间成为本文关注的重点，在下一章的内容里，我们将会继续遵循这一思路，系统地引入图论和空间句法的理论和技术在更大的样本层面上对传统民居和当代中式住宅进行分析和探索。

2.2.2 乌托邦色彩的精英试验

从 1949—1978 年近 30 年的社会主义计划经济时期，中国城市住宅的发展受到国家工业导向政策和计划经济体系的影响和制约，在"先生产，后生活"的制度引导下，满足基本生活需求成为住宅建设的全部目标[16]，加之社会整体的文化意识淡薄，对现代中式住宅的探索基本陷入停滞。直至改革开放，随着国家政治经济体制改革，住宅的建设发展迎来了全面现代化的契机，完成了从福利住房体系向社会化住房保障体系的转变，住宅的工业化和商品化导致了数量上巨大规模的同质开发。与此同时，一小批具有批判意识的建筑师和学者拒斥这一狂热现状，出于对传统的偏爱和坚持，他们渴望将中国传统的居住形态叠合到现代城市住宅中，在小规模范围内开展了乌托邦式的精英试验。下面拟择取 2 个在不同时期、由不同建筑师主持的住宅实践，剖析这一精英试验的特征、共性与局限。

(1) "菊儿胡同"：旧城改造中的拯救试验

菊儿胡同试验其实是 20 世纪 80 年代在北京危旧房改造的背景下，由北京市政府直接出资、拨款的三个试点项目之一[17]。在当时的情况下，针对旧城内民众自行搭建的质量低劣、长久失修的"大杂院"，通常直接将其拆毁并取代以标准化行列式的多高层住宅楼，这一做法虽然有助于改善市民的居住条件，但同时对旧城环境造成难以弥补的毁坏。

因此，吴良镛在菊儿胡同的创新和探讨主要是从城市层面而非住宅层面来切入的，其最终目的也是应对旧城整治模式和集居住房体制改革等宏大的社会议题而非实现住宅的某种中式风格。透过吴良镛在1994年为该项目出版的《北京旧城与菊儿胡同》，我们可以窥探出他的创作初衷和思考路径：既然单调、贫乏、突兀的周边式与行列式公寓楼破坏了传统城市空间的肌理和轮廓线，而传统独门独户的合院形态不再适配现实的住房需求，那么不妨在集居模式下把住房重新加以组织，构成新的邻里院落空间——“新四合院”[18]。这样一来，一方面延续了传统“街—巷—院”的分形城市肌理，取得了和周边历史环境的融合；另一方面，在局促的城市地段内提供了较大数量的住宅配套。

现以菊儿胡同第二期工程“丙院”为例，具体阐述这一项目的空间组织特征。“丙院”是一个宽约46 m、深约30 m的群体构筑，四组建筑通过环绕形成了左右两个合院，在一层平面上共有14户家庭单元（编号在图2-6中注明），各户面积控制在50 m^2左右。每个单体的户型空间拥有类似的序列组构模式——“外部→院落→楼梯→户门→过厅（或主厅）→卧室、卫生间等”，除b_3以外的单元，交通部分都被最大限度地挤压，没有冗余性空间，所有功能都得到了最紧凑、最集约的利用。每一个家庭单元内部空间结构高度完整，位于中心的院落事实上并未被纳入任何一户的界限内，而是成为十几个单元共享的公共领域。基于上述理解，菊儿胡同是一件在城市设计角度上维系北京旧城空间肌理和尺

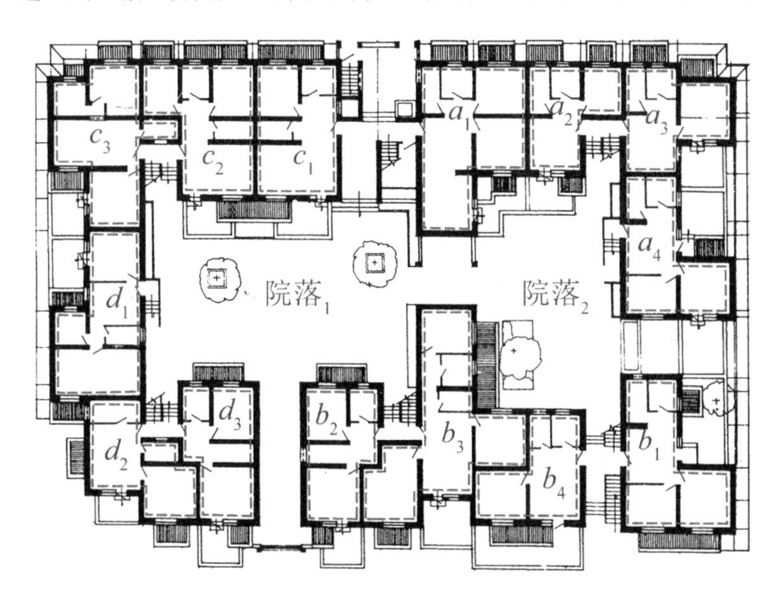

图2-6 菊儿胡同第二期工程“丙院”

来源：改绘自吴良镛. 北京旧城与菊儿胡同[M]. 北京：中国建筑工业出版社，1994：142.

度的杰出作品，但是在空间范型与社群模式上它更接近欧洲古典城市的邻里空间，崇尚共享性和交互性。

毋庸置疑，菊儿胡同的试验具有重要的积极意义，不同于当时已广泛采用的行列式公寓，它另辟蹊径地解决了旧城保护和住宅开发之间的矛盾，建立了大院集居文化导向下的“新型合院”规制。在20世纪90年代开始的大规模住宅的开发建设中，菊儿胡同作为国家重点的示范项目，对一部分住区的规划布局、建筑形式等均起到了一定程度的借鉴意义，如天津府川新村等。

(2)“钱江时代”：商业地产中的一朵奇葩

之所以把2004年在杭州开发的“钱江时代”地产项目归入个体的精英试验，是因为它不以商业盈利作为首要目的，同时不具备可被市场仿效的价值意义。自诩为文人建筑师的王澍和当时充满理想主义的浙江通策房地产通力合作，在部分地摆脱了资本的辖制后，共同缔造了一个异类的当代中式住宅。该项目位于杭州钱塘江，由6幢(2板式+4点式)100 m高的楼宇构成，核心理念和创造要素都集中在住宅单体上。王澍突破性地将传统合院民居的空间形制裂解、组配、叠合到现代的高层住宅中，以纵贯2层的“垂直院落”作为交往空间，激活当代高层建筑内邻里交往和内外空间渗透的可能性。

将传统民居的水平院落转换为水平切片并在垂直方向上连缀整合的做法必然受到技术因素的制约，因为院落的实质是一个没有顶盖的且四边围合的空间，一旦叠合到空中势必会剥夺院落基本的竖向属性，变为顶部封闭而向垂直面开敞的另类空间。此时若不能有效地引入传统院落的社会交往功能或空间组构秩序，那么这一预期的“垂直院落”则无异于高层住宅司空见惯的“阳台”，恰恰因为操作的复杂度以及由此引起的对地产户型范式的冲击，大多数“垂直院落”只能停留在语言概念上，名不副实。尽管王澍的设计有相当的自由度，还是没能突破技术上的瓶颈。

图2-7展示了钱江时代塔楼住宅的标准层平面，为一梯六户，图中标注了“垂直院落”的空间，很容易观察到所有的院落都被甩到了户型主体的外围，院落形状狭长，深度都在2 m以内，同一层内各户的院落间使用隔墙阻断。造型上附加的盒体框定为院落增加了空间高度，一定程度上弥补院落垂直叠合引致的竖向坍缩，但也造成了同盒体上下层视线交集的干扰问题，固然可以用邻里交往的理念引导，但是它与传统中国院落基于家庭的交往而非邻里交往的特性是存在差异的。此外，采用一梯六户的平面反映出各户空间的局促，功能房间的使用面积、卧室朝向等更为实际的需求才是住户关注的重点，庭院是否真的

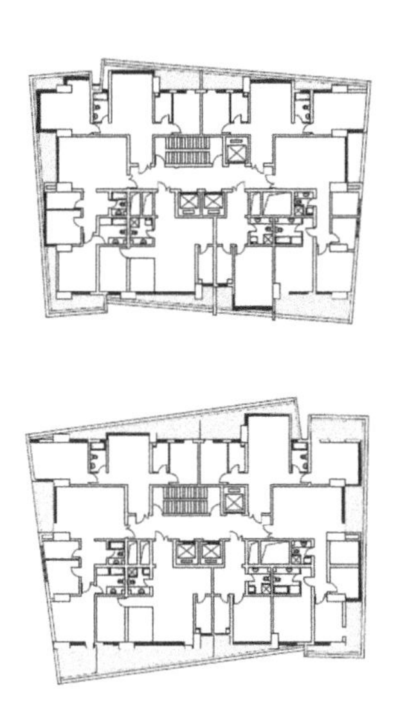

图 2-7 钱江时代塔楼住宅标准层户型平面图

来源：王澍，陆文宇.垂直院宅：杭州钱江时代[J].世界建筑，2006(3)：82-89.

能够被充分利用起来有待评估。

在造型上，钱江时代为高层中式住宅提供了一套相对成熟也容易产生视觉效果的设计手法，“白色盒子＋灰色盒子”的交叠搭配被很多开发商直接援引和模仿，成为“新中式”高层一度盛行的形式摹本，最终沦为僵化的格套，关于“摹本”问题的深入探讨将在后文建筑符号学的论述中展开。

2.2.3 规模化生产的中式地产

中国房地产界在 21 世纪之初开始回归传统风格的动因与前述个体建筑师的探索并没有因果关联，而是诸种风格经由商业环境洗沙淘金后最终的市场取向。换言之，只有市场对中式风格的接纳度超过了其他西洋风格才会促成中式地产的勃兴，而市场的风向需求则取决于大众文化的诉求。经济的腾飞、国力的渐兴和民族自信的增长最终汇聚成一股强盛的文化主潮流，2004 年中式地产终于蔚然成风，一时间“中国风”吹遍大江南北[19]。南京中国人家、西安群贤庄、成都芙蓉古城、苏州寒舍和杭州富阳颐景山庄(图 2-8)等诸多中式地产几乎同时破土而出。总体上，第一批中式地产还是延续了之前“欧陆风”“北美风”的程式化思路，即通过对主流的城市住宅进行形式风格的包装，赖以获得旧瓶装新酒的效果，因此偏重于在建筑外形的局部(如屋檐、翼角、栏杆等)附加上传统的处理。由于欠缺相应的经验，整体形式显得相对粗糙。

图 2-8 杭州富阳颐景山庄

来源：http://gc.zbj.com/20151110/n42793.shtml

图 2-9 北京庐师山庄

来源：时国珍. 中国风：新本土居住典范[M]. 北京：中国城市出版社，2005：89.

在随后的两三年间涌现了第二批规模更大、体系更完备、手法更成熟的中式地产，包括北京观唐、北京紫炉、北京庐师山庄、合肥和庄、上海九间堂、深圳万科第五园、宝安江南村及宁波天和家园等，这些地产项目从规划到景观，再到楼宇单体都被附加上中式的理念，铺陈出整体的中国意境。在形式语汇上呈现出不少的创新元素，譬如深圳万科第五园以某种后现代的手法实现了基于南方传统民居的形式创新，北京庐师山庄则以现代主义方盒子的极简造型来实现传统四合院的空间类型(图 2-9)，宁波天和家园开拓了在多高层住宅中引入空中院落的模式。纵观这一时期的中式住宅造型，北方相对偏传统式样，往往照搬四合院较成熟的比例、色彩、法式，如北京观唐(图 2-10)、北京紫炉等；南方地区则比较写意，并不因循守旧，而是对地方民居的结构、装饰、色彩等进行抽象、置换，以及运用新材料和新技术来表现传统民居中所蕴含的精神，淬炼出了许多新的思路和新的处理方式，如深圳万科第五园(图 2-11)。

然而，这股始于 2004 年的“中国风”并未能获得持久的市场期许，在三年一摇摆的趣味转向中，“中式热”也逐渐降温，市场重新回归多元混杂的局面。之后虽然绿城、万科等大型地产商也推出过不少的中式地产，但其基本思路和手法运用都参照第一、第二轮“中国风”的范式——或是在形式上更接近原真的古代形制，或是挑选更考究昂贵的材质，或是在更大范围内引借类似深圳万科第五园的造型指涉——总体呈现出创新性的疲乏。究其原因，地产的商业环境很难容纳建筑理论的介入探讨，与其耗费大量的精力研究、反思、创新，不如照抄曾经在市场上成功运作的模板，以换取同样时间内更多的楼盘开发。

图 2-10 北京观唐

来源：https://bbs.co188.com/thread-1114592-2-1.html

图 2-11 深圳万科第五园

来源：https://www.zcool.com.cn/work/ZMjgwMzI1MjA=/4.html

2.3 现代中式住区的要素分解和梯次序列

如本章开篇所述，对现代中式住宅的研究本质上是基于建筑学意义上广义"风格"的理解和表述。风格必须建立在特定的时间段域之内，因形成了第二层级（形式、内容）下诸范畴内稳定的秩序结构，从而超越了建筑物的实体基础，呈现为某种既定的观念模式和价值目标，进而反过来塑造人们对未来的建筑预期，引导出某种理想的秩序。因此，风格的浮现必然伴随着意义的浮现。马克斯·韦伯（Max Weber）在一个著名的论断中曾指出："人是悬在由他自己所编织的意义之网中的动物。"将其置于建筑学的语境下，风格正是这张由人自己编织的意义之网，我们目前迫切地需要一种分析科学和解释科学的联姻——美国人类学家克利福德·格尔茨（Clifford Geertz）所谓的析解（explication）[20]——来探求表面复杂缥缈的中国建筑风格在中式地产上的表达。

在所有针对文化现象予以析解的理论方法中，恐怕没有一种能拥有符号学的阐释深度和融贯性。现代符号学脱胎于瑞士语言学家费迪南德·索绪尔（Ferdinand de Saussure）创建的现代语言学（语言研究的结构主义方法），在罗兰·巴特（Roland Barthes）这里得到了更宽泛的拓展，逐渐从狭义的语言学过渡到广义的符号学。从 20 世纪中叶开始，符号学广泛地应用在社会学、人类学、文学和艺术学等学科领域，奠定了相对成熟的研究范式。建筑学作为偏重工程实践的应用学科，引入符号学的目的主要围绕着建筑师在设计建筑物以及使用者在理解建筑物的过程中，揭示其中涉及信息生成、传递、交流的普遍规律，隶属于思维方式和意义体系的研究而非使用方法的讨论。限于篇幅，本书不介绍符号学自身庞杂的概念框架，仅秉要执本，引入建筑风格析解所必须依赖的符号学术语、规则和模型，读者可以自行参见相关文献以获得更全面的理解。

2.3.1 符号学的理论基础

符号学庞大的理论架构建基于一个最核心的概念——符号（sign，signum），它被定义为“被携带意义的感知”[21]。索绪尔区分了符号中两个不可分割的要素——“能指”（signifier）和“所指”（signified），可以认为符号学内所有上层理论都是这一对基本要素关系的演绎和衍生。“能指”又称“指符”（signans），是符号的表现层面，是表达的信码，詹克斯认为在建筑中就是（但并不限于）形式、空间、表面、体积等具备超分割性（suprasegmental）的对象；“所指”又称“符旨”，即符号的内容，是作为符号含义的一种概念或观念，在建筑中可以是对应某种功能、技术、构思、信仰等[22-23]。“能指”和“所指”关系的开放性，取决于并折射了特定的文化模式。

为了更精确地反映能指和所指之间的互构关系和作用法则，英国学者奥格登（C. K. Ogden）和理查兹（I. A. Richards）提出了经典的语义三角（semantic triangle）模型（图 2-12）。语义三角在索绪尔的二元基础上，把所指拆解为“所指物”（referent/thing）和“概念思想”（concept/thought）两个部分，同时保留作为能指对象的符号内容（symbol/word），共同型构出了符号载体（sign-vehicle）的三方传导秩序模型。

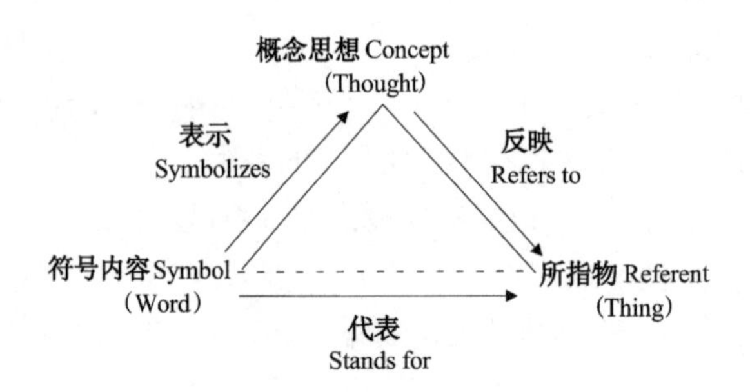

图 2-12 “语义三角”经典模型

来源：李霓.索绪尔的二元符号观和语义三角理论：继承与发展[J].外语学刊，2013(6)：6-9.

尽管语义三角模型在解释语言符号方面具有卓越的优势，但是它并不完全适用于部分形象符号，意大利学者安伯托・埃柯（Umberto Eco）首先注意到用语义三角分析建筑导致的抵触，他以“门”作为符号为例：“门就是它自己，门指它的实际存在或指它的功能，这两种情形对符号学而言，三角形右侧都是可剔除的(Eco, 1968)。”然而当我们不拘泥于单一功能的束缚，在应对如马头墙等复杂的符号载体时，则可以完全契合语义三角的模型。基于上述建筑符号在能指和所指之间作用方式的差异性，埃柯因借语言学概念提出了建筑明示(architectural denotation)和建筑隐喻(architectural connotation)⑤两大意义生成的层次。简单地讲，建筑作为人类活动的容器，决定了其中必然存在着不可或缺的功能属性，明示意义指的是符号对象代表的实用功能(直接用途)，它往往是客观的、相对稳定的，且不涉及语义三角中的“第三方”(所指物)。此外，建筑物除了意指其功能外，还可以囊括诸如社会等级、审美情趣、文化观念等寓意，而它必须依赖完整的语义三角实现隐喻意义。为便于理解，我们不妨将埃柯的理论粗略地总结成如图 2-13 所示的图谱模型。

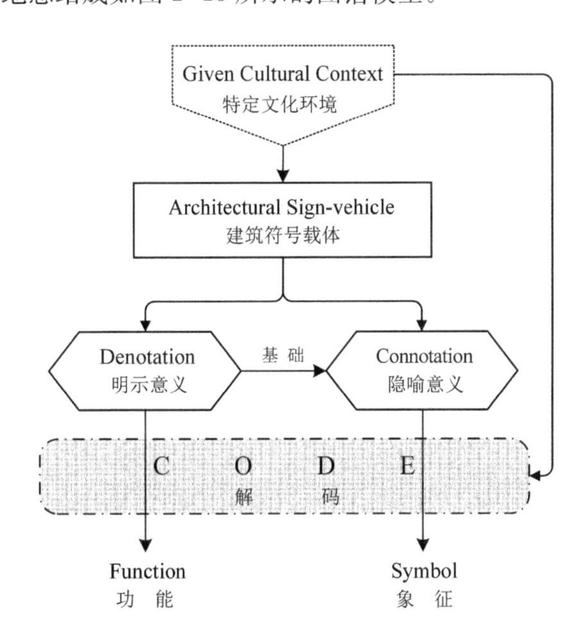

图 2-13 建筑符号意义生成的图谱模型

除去一些极特殊的例子，大部分的建筑对象作为符号载体都兼具明示意义和隐喻意义，后者搭建在前者完善的前提之上，在时序关系上居于后承层次且在逻辑关系上包含了前一层次。因此，也可以认为隐喻意义的能指是由明示意义下的能指和所指共同构成的[24]。试以传统民居中的马头墙为例加以说明，马头墙是浙派建筑、赣派建筑、徽派建筑醒目的特色，最初是在聚族而居、建筑密集的聚落中为阻隔火灾蔓延之用，其明示意义即为防火的功能性用途。久而久之，匠师逐渐摸索出了技术和文化语境下的固定范式，形象上呈现出跌落状并在尾部安置“座头”，在这一层级的隐喻意义中，内蕴防火功能意义的符号复合体（sign complex）成为能指，作为吉祥物的马是所指物，主人对家族子弟的期望和宗族兴旺的祈福则是概念思想。

此外，哥本哈根学派的始祖路易斯·叶尔姆斯列夫（Louis Hjelmslev）利用数学表达式厘清了符号意义在不同层级上的迭代关系[25]。

$$\frac{C_f}{\left(E\frac{C_f}{E_f}\right)} \tag{2-3}$$

式中，C_f、E_f分别表示内容（content）和表现（expression），一对$\left(\frac{C_f}{E_f}\right)$为同一个层的能指和所指的对应关系。

叶尔姆斯列夫（简称“叶氏”）认为迭代可以在隐喻层之上无限地进行下去，表 2－2 拟列出了明示意义和隐喻意义的符号三角模型和叶氏迭代模型，它们将成为后面分析应用的理论基础。

表 2-2　明示意义和隐喻意义的两类模型表达

项目	明示意义	隐喻意义
符号三角模型	 O 对象 → F 功能	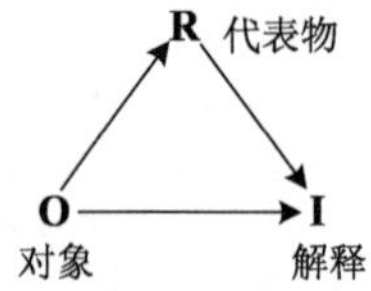 R 代表物；O 对象 → I 解释
叶氏迭代模型（数学表达式）	$\left(\frac{C_f}{E_f}\right)$	$\frac{C_f}{\left(E\frac{C_f}{E_f}\right)}$
叶氏迭代模型（图解表达式）	能 指 | 所 指	能 指（能 指 | 所 指）| 所 指

2.3.2　“中式”符号的交流机制

从符号学的角度来对抽象化的“中式”风格解读：一方面，符号的生产者（建筑师）力图将传统中国的精神理想嵌入隐喻层级，为通常仅指向居住功能的住宅添置了一个或多个信息层；另一方面，符号的使用者（住户）在接收到能指带来的刺激和诱导后，有效地辨识出代表物（传统建筑）、解释（传统文化的精神认同）和信息层数。这样一套完整的互动链条称为符号意义的“通信”（communication），建筑师借符号发报信息的过程称为“编码”（encoding），住户依据符号把信息重新安置解读的过程称为“解码”（decoding）。前者与后者构成了互逆过程，以建筑师期望传递的“中式”信息作为始端（信源），经由住户理解的“中式”信息作为终端（信宿），利用信息通信的水闸结构模型（Eco, 1976）表达现代中式建筑的信息交流机制，如图 2-14 所示。

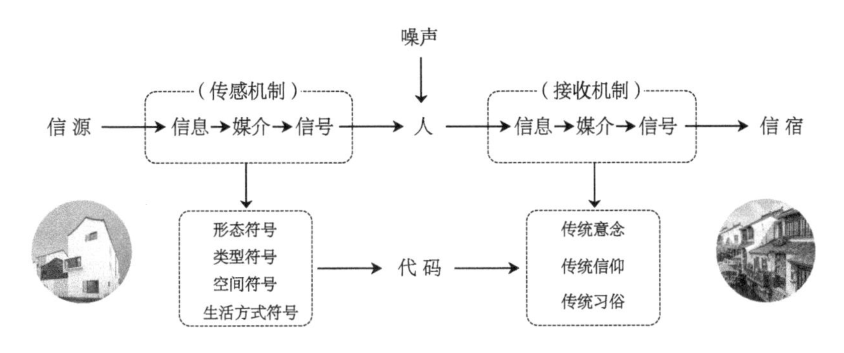

图 2-14　现代中式建筑的信息通信过程

图中“信源”的内容必须被一系列不同的符号承载，包括类型符号、空间符号等，再通过传感机制转变可以被个人感知识别的刺激源传递给个体，不同的个体基于其文化背景的不同（噪声）对经过传感机制产生的信息通过接收机制进行转译解码，最终输出为不同的“信宿”。值得注意的是，信源永远不会与信宿完全对等。除此之外，对于同一信源的接收，不同个体理解的信宿都存在一定的偏差。这意味着符号在进行意义交流时必然会发生形变，形变只可能发生在上述通信过程中的传感环节或接收环节。

(1) 信息失真（传感环节）：建筑师原本期望传达出传统中国居住方式的信息，但是囿于现实条件的重重约束，或是建筑师对传统文化的认知缺陷，导致设计出的符号未能明显地体现出预期设定的原始信息。

(2) 信息误读（接收环节）：住宅的使用者分属于不同的组织团体、社会机构，具有不同的文化修养、价值观念、生活阅历，对信号的接收有强烈的个性化倾向，在开始进入认知过程时总处于某种前拥有和前把握的状态，因此相应的理解都带有自我指涉，并与信源发生不同程度的偏离。

客观地来看，信息本身就是人创造的，世界上不可能存在没有个人背景的信息解释。意义形变虽然是不可避免的，但其影响并不总是负面的，控制在一定容差范围内的意义形变往往能促成某些出其不意的设计效果和新思想的产生，还能够有效磨合建筑师与使用者在符号交流中的分歧，形成“视界融合”[6]（fusion of horizons），意义传达过程的生长和增值都源于此。

存在于“中式”符号交流语境中，常见的编码者和解码者的角色可以分为以下三类：开发商—客户、建筑师—评论家、先锋建筑师—使用者，前文中或多或少都已涉及。“中式”信息在其中的传递都符合图 2-14 的模型，但意义形变却呈现出相异的结果。用 P 表示编码者期望传递信息的集合，Q 表示解码者实际解读出信息的集合，可以在维恩图上直观地反映出三种类型中 P 与 Q 的关系（表 2-3）。

表 2-3　三类“中式”符号信息交流的意义形变分类

开发商—客户	建筑师—评论家	先锋建筑师—使用者
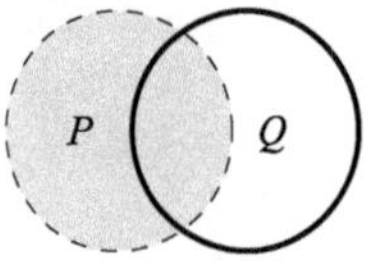 P　Q $P \cap Q$	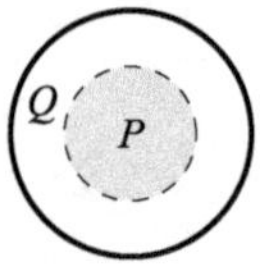 Q　P $P \in Q$	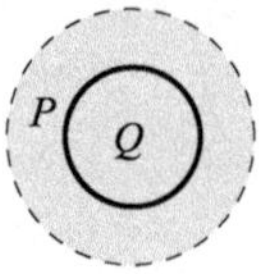 P　Q $Q \in P$
意义衍生	意义放大	意义冗余

第一类最常见的是发生在现阶段开发商和客户之间的交流，尤其受“泛中式”的潮流侵染，很多开发商诉诸各种表层性手段，同时借宣传渠道制造出大量的中式符号。然而大规模、破碎化的信息植入并不能掩盖操作的粗放，客户无法认同或者识别开发商牵强附会的信息，在部分地接收后依凭自身的利益诉求和价值判断另作衍生理解。

第二类比较常见的交流形式是建筑评论，由于解码者是具备庞大信息储备和敏锐识别能力的专业评论家或专家学者，他们往往把建筑符号置于历时性和共时性的语境下透彻地比较分析，故能放大建筑师提示的信息，在一个更大的意义关联域内评介建筑作品。有时评论的研究工作还可以利用分析工具揭示出编码者尚未清晰意识到的信息，对未来的设计编码起到借鉴意义。

最后一类发生在先锋设计师和使用者之间，先锋设计师大都拥有强烈的个人情怀和深刻的观察洞见，他们常采用象征和转喻[7]（metonymy）的方式外赋予符号以信息，而在未经解释的情况下建筑的使用者无法全部提取其中的信息，造成一部分信息的冗余和流溢。以王澍设计的宁波博物馆为例，建筑师的意图是以“大山法”将建筑塑造成一座连绵山脉的片段，用回收的旧砖瓦模拟山石，在顶部特意使用暗红的瓦缸片暗示夕阳的辉光，借此和宋代山水画《溪山行旅图》产生转喻[26]。事实上，大多数的参观者都未必能注意到这些复杂深刻的信息，参观者能解读出的“中式”信息多集中在建筑外墙的材质上，尚未见到能解读出“山体”信息的。

2.3.3 中式住区的组成要素和语义解码

使用符号学分析诸如中式地产这类多要素建构的复杂系统时，需要采用“切分法”把作为整体认知的符号系统拆解为若干对象单元，再逐一使用“替换法”度量各贡献的意义效用。“切分”是索绪尔在语言学研究中常用的方法，雅克·德里达(Jacques Derrida)创建的解构主义哲学体系正是基于切分的思想演绎化的，本质是化整为零的思路，通过分解预先并不清晰的集成对象，获得内完整性和外独立性的离散单元。“替换”是在切分的基础上人为地选用同类近似的符号代替之后，将它重新接续到原系统中，观察替换对该符号系统的整体影响，以此判定或验证被替代单元的意义效用。

当前，中式地产最普遍的形式是城市居住区，依循《城市居住区规划设计规范》(GB 50180—2018)的定义，居住区是被城市道路或自然界线所围合的具有一定规模的生活集聚地。可见居住区是对土地空间的总括，不但容纳了自然因素(地形、水文、植物等)和人工因素(建筑、管道、绿化等)，而且蕴含人的因素(邻里关系、居民行为)和社会因素(物业管理、社会制度)。鉴于其多层级、多要素、多形态的复杂特征，我们需要在限制性的“中式”表意架构下找寻符号切分的依据，它应该合乎设计(编码)者生产和操作符号的类别归置。

研究大量建成的中式住区样本和配套说明文件，综合考虑住宅区设计过程的时序、尺度、学科等依据，将能够隐喻中式住区的符号要素分类(图2-15)。

(1) 规划：我国现阶段一般城市住宅区的规划布局受到日照间距、朝向、容积率的严格支配，住宅建筑的布置通常经过初期估算、强排，到后期再反复优化，可供设计者主观发挥的空间很小，此时规划符号仅表征技术性的明示意义。只有当容积率偏低且弹性较大的情况下，才可能在规划中赋予中式的隐喻信息，主要的编码手段有：①效仿古代礼制城池的整体格局，强调轴线堆成和几何秩序，并将其微缩至一个住宅区的范围内，这种方式主要见于北方尤其是有古都背景的历史旧城中，如北京观唐；②参照传统聚落布局的形态多样性和复杂适应性，以蔟群式的集聚和曲折街巷的串联来比拟传统聚落自发生长的有机结

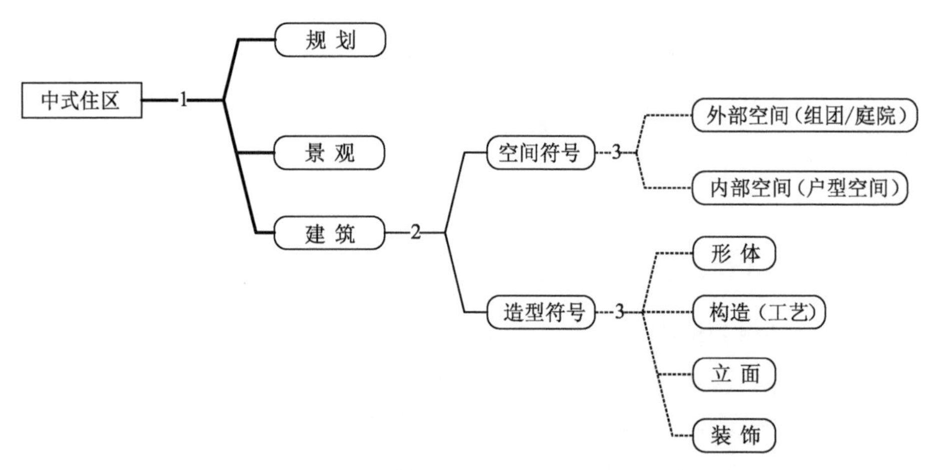

图 2-15　中式住区的符号要素分类(数字表示层级序列)

构,此方式常见于江浙地域,绿城的桃李春风和融创的桃花源都属于这一类。

(2) 景观:狭义地理解,居住区景观设计的主要对象是住区范围内除了建筑物以外的视觉环境,涵盖绿化种植景观、场所景观、硬质景观、构筑物景观、水体景观和照明景观等[27]。由于景观设计的意识和需求在我国起步较晚,设计专业的范畴细分程度愈来愈高,在追求较高景观质量的住区中,景观设计与建筑设计一般分成两部分完成。立足于传统理念的景观符号被广泛地使用在中式居住区,是所有符号类型中最容易操作的,因为几乎全部的景观要素很少涉及功能性和技术性的内容,其主导目标是观赏性、审美性和生态性,即通过景观符号给予住户视觉上、精神上和文化上的传统体验。在一定程度上,可以把景观符号视作"弱明示符号"——居于精神位阶的隐喻意义远超居于功能位阶的明示意义。

(3) 建筑:住宅是居住区设计的核心,我们还需要进一步将其划分成空间符号和造型符号两个子类型讨论。建筑的空间符号又包括了住宅组团或住宅庭院的外部空间以及住宅内的户型空间:前者和景观设计有部分内容的重叠,但研究视角的侧重是不同的;后者户型设计可能是所有开发商和建筑师最为看重的一项,当然也是最容易陷入格套局限的一项。空间与人的功能行为息息相关,意味着空间符号有很强的明示意义,但同时也能够在类型学的操作框架下获得中式的隐喻意义,捕捉传统生活的理想和精神。另外一个建筑符号的子类型是造型符号,它几乎和景观符号的运用一样普遍,而且在目前的技术经济条件下,它的隐喻意义也超越了明示意义。

综上所述，根据各中式住区组构要素类别的符号学解码，将结果梳理至表 2-4。

表 2-4　中式住区各符号要素类别语义解码

<table>
<tr><th colspan="4">符号类别</th><th>明示意义(功能层面)</th><th>隐喻意义(精神层面)</th></tr>
<tr><td rowspan="8">中式住区</td><td colspan="3">规划</td><td>日照要求、消防要求、停车要求</td><td>传统聚落、风水格局、邻里关系</td></tr>
<tr><td colspan="3">景观</td><td>绿化要求</td><td>审美的、亲近自然的</td></tr>
<tr><td rowspan="6">建筑</td><td rowspan="2">空间符号</td><td>外部空间(组团/庭院)</td><td>分隔住户、增加配套</td><td>邻里交往、理想(传统生活)</td></tr>
<tr><td>内部空间(户型空间)</td><td>分割空间、使用功能、运动流线</td><td>理想(传统生活)</td></tr>
<tr><td rowspan="4">造型符号</td><td>形体</td><td rowspan="4">围合内部、采光要求、保温要求、防水要求、辨识要求</td><td rowspan="4">审美的、传统意境</td></tr>
<tr><td>构造(工艺)</td></tr>
<tr><td>立面</td></tr>
<tr><td>装饰</td></tr>
</table>

2.3.4　图像性与象征性符号

一个系统内的符号差异不仅体现在不同的明示意义和隐喻意义上，桑德斯・皮尔斯(Sanders Peirce)和索绪尔等最早的语言学研究就已经表明不同类符号的作用机制存在本质的差异性。依据符号的能指对象和所指物的属性关联以及符号作用于解码者的效验(effects)，建筑符号学家杰弗里・勃罗德彭特(Geoffrey Broadbent)在二维坐标系的两个连续区带上展现了图像(icon)、指示(index)、象征(symbol)三种基本符号类别和实用的(pragmatic)、类比的(analogic)、规构式的(canonic)、型类学的(typologic)四种设计类别之间的梯次序列[28](图 2-16)。

本书的分析简化了勃罗德彭特相对烦琐的分类法则，将表 2-4 的中式住区构成要素纳入图像性和象征性两种主要的符号类型中，仍保留勃氏的结构梯次。图像性依凭符号自身和所指物之间视觉形象的具象形似来传达隐喻信息，体现中式的景观符号和建筑造型符号显然都属于图像性符号，它们都易于被住户直接理解，含义单一且精确。

结合实际分析，图 2-17(左)是一个使用覆盖景观和造型图像性符号的典例，设计者在 18 m×26 m 的内天井中放置了瓦(水底)、石汀、砂石、园林石、水和虬松等多种常见于中国传统园林内的景致要素，尽管采用了现代主义简约的

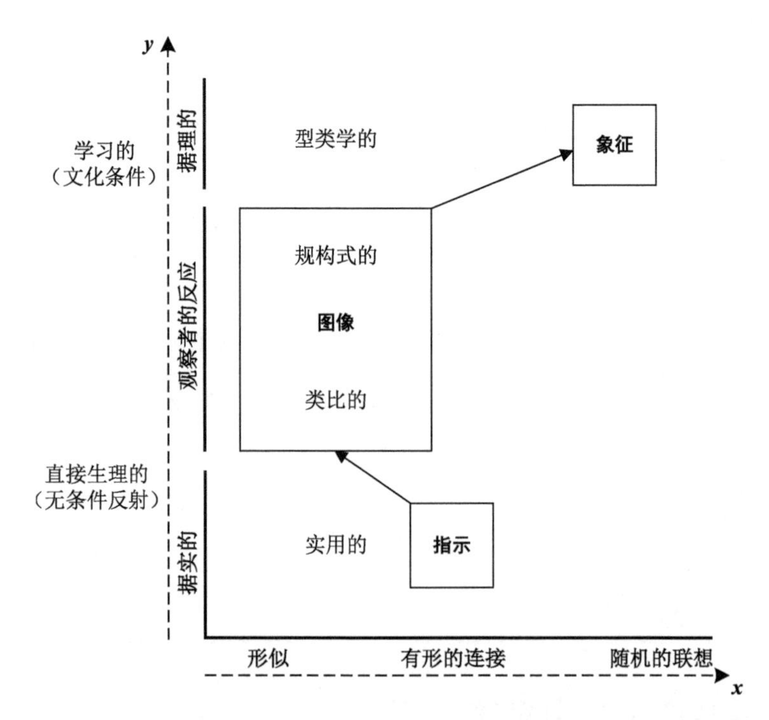

图 2-16　符号类别的属性差异和梯次序列

来源(译)：BROADBENT G，BUNT R，JENCKS C. Signs，Symbols，and Architecture [M]. Bath：The Pitman Press，1980：328.

图 2-17　昆明中南碧桂园樾府内庭实景图(左)、符号变更图(右)

左图来源：http://www.sohu.com/a/251988607_195645

手法重构了要素的形状、排列、组合，但单个要素仍然维持自身的完整状态和精确的辨识性特征，否则它将难以复现符号背后的所指。为进一步验证，我们利用 Photoshop 软件处理实景图像，将建筑物的坡屋顶更替为平屋顶，将装饰木格栅屏障更换为单根木立柱，剥离暗示传统信息的景观符号，得到符号变更图2-17(右)。毋庸讳言，被分离了指涉中式的图像性符号后，它将不再呈现出中式的意境，遂暴露出现代主义风格的本质。从这个角度看，欠缺本体内核的图像性符号毋宁被认为是某种装饰或是修辞(借语言学的术语)。现代主义风格的造型符号正是和象征性的空间符号实现了耦合，才摆脱了纯粹图像性的范畴。然而目前的中式造型与景观符号都是和空间符号分离的，更确切地说，是在西方现代主义的造型-空间符号的耦合基础上叠加了一层中式的隐喻。

在建筑中象征性的符号即空间，空间往往是抽象的，不容易被观察者直觉感知和理解的，不仅如此，还要求一定的“学习门槛”。这里的“学习”不是惯常意义上的，而是生命时间内的经历体验，譬如对一个小时候就在传统民居中成长的人来说，带有院子的中式居住空间能让他倍感亲切，这段孩提时期的生活经历正是重要的“学习”过程。空间符号还表现出多义性、模糊性和复杂性的特征，这意味着尝试运用中式空间符号的企图变得困难而危险，也能解释为何大量中式地产都更倾向于在景观和造型的图像性符号上做文章。

实际上，只有空间(不论是户内还是户外)才是和居住者的行为、体验发生紧密关联的要素，而且会对人的意识和举止持久地塑造和影响。造型符号虽然直观易辨，但是作用层次较浅，并且具有一定的迷惑性，常被开发商利用以制造广告效应。精心的居住空间布局能够在深层次上复现传统的文化和审美特色，但要求设计者深谙传统民居空间之道，它基于真实的民居空间样态而非简化的空间概念(如用滥的“院”)。最后，从研究者的视角而论，空间是建筑学的内核，是建筑学科得以独立存在的理由。空间研究相对于造型研究提示了更确凿的恒定结构，尽管图像性符号也存在表面的规律，但是其较高的艺术创造成分让我们难以探证内在深层的结构特征。

结合以上多维视角下对中式住区内的图像性符号和象征性符号的比较分析(表2-5)，研究将重点放在作为象征性符号的空间上，后面两章节的核心任务正是为现代中式住宅确立一套自立且明晰的描述语言和操控机制。

表2-5 中式住区内的图像性符号和象征性符号多维视角比较

项目	图像性符号	象征性符号
要素类别	造型、景观	空间、规划
特征描述	单一而精确	抽象而模糊

（续表）

项目	图像性符号	象征性符号
居住者的视角	易于直观地理解和分辨	需要一定的“学习门槛”
	可识别性排序：图像性符号＞象征性符号	
设计者的视角	裂解重构	抽象演绎
	使用难度排序：象征性符号＞图像性符号	
研究者的视角	弱规律的、描述精读低	有规律的、描述精读高
	研究价值排序：象征性符号＞图像性符号	

注　释

① 王颖博士对“风格”一词在古汉语中的使用和《辞海》(民国)的释义作了初步的摘录工作，对“式样”的考证则有明显的偏差。她认为在清代以前“式样”以此并未和建筑行为联系在一起，而根据本书，早在隋代“式样”就已经被用于建筑相关的行为。

② 词化是指词汇中有一个现成的单词来表示本来需要一个短语或句子来表达的一个在语义上较为复杂的语言学概念。

③ 自反性(reflexivity)在社会学中表示主体在社会结构当中自我参照意识的程度及其改变其社会地位的能力，在本书中以国家作为主体。

④ 涵化(acculturation)亦称“文化摄入”，指异质的文化接触引起原有文化模式的变化。

⑤ 国内学者有将明示意义(denotation)和隐喻意义(connotation)译作“外延”和“内涵”的(如俞峰华翻译埃柯的论文《功能与符号——建筑的符号学》)。但与哲学概念中的外延(extension)和内涵(intension)显然有较大的分别，容易造成误解和混淆，因此本书未加以采用。

⑥ 视界融合，阐释类型学的术语，由德国哲学家格奥尔格·伽达默尔(Hans-Georg Gadamer)提出，他认为文本带有历史性，同一文本由带有不同“视界”的人来解读存在着较大的差异，正是这种差异的理解使得文本的创造者和理解者之间产生了水乳交融的效果。

⑦ “转喻”，符号学术语，指用一个符号的意义代替另一个意义的表达式，前提是二者存在临近关系或逻辑上的协同关系。

参考文献

[1] 詹克斯.现代主义的临界点：后现代主义向何处去？[M].丁宁，译. 北京：北京大学出版

社，2011：33.

[2] CRESSWELL J. Dictionary of Word Origins[M]. London：Oxford University Press，2010：11-15.

[3] 王颖.探求一种“中国式样”：早期现代中国建筑中的风格观念[M].北京：中国建筑工业出版社，2015：30-33.

[4] 王冰琼.“建安七子”的作品风格之异及其原因[J]. 现代语文(学术综合版)，2015(4)：23-24.

[5] MORISSON R. A Dictionary of the Chinese Language(In Three Parts)[M]. Macao：The Honorable East India Company's Press，1815：2188.

[6] 吉登斯. 现代性与自我认同[M]. 赵旭东，方文，王铭铭，译. 北京：生活·读书·新知三联书店，1998：11.

[7] 赵辰.失之东隅，收之桑榆：浅议1920年代宾大对中国建筑学术之影响[J].建筑学报，2018(8)：79-84.

[8] 朱亦民. 后激进时代的建筑笔记[M]. 上海：同济大学出版社，2018：10-12.

[9] 赖德霖. 中国近代建筑史研究[M]. 北京：清华大学出版社，2007：221-224.

[10] 汪晓茜. 规训与调适：有关毕业于宾夕法尼亚大学的中国第一代建筑师实践的思考[J]. 建筑学报，2018(8)：91-97.

[11] 郑卉.上海里弄住宅营造技艺研究[D]. 上海：复旦大学，2009：6-7.

[12] 杨秉德.中国近代中西建筑文化交融史[M]. 武汉：湖北教育出版社，2003：235.

[13] 沈华，上海市房产管理局.上海里弄民居[M].北京：中国建筑工业出版社，1993：33.

[14] 中国建筑技术发展中心历史研究所. 浙江民居[M].北京：中国建筑工业出版社，1984：104.

[15] HILLIER B，HANSON J. The Social Logic of Space[M]. New York：Cambridge University Press，1984：66-76.

[16] 吕俊华，彼得·罗，张杰. 中国现代城市住宅：1840—2000[M]. 北京：清华大学出版社，2003：105-106.

[17] 张路峰，刘贺.上世纪80年代末北京旧城危旧房改造试点研究：对现阶段北京旧城危旧房改造的反思与探索[J].北京规划建设，2016(6)：73-76.

[18] 吴良镛.北京旧城与菊儿胡同[M]. 北京：中国建筑工业出版社，1994：100-112.

[19] 时国珍.中国风：新本土居住典范[M].北京：中国城市出版社，2005：2-3.

[20] 格尔茨.文化的解释[M].韩莉，译.南京：译林出版社，2008：4-5.

[21] 赵毅衡.重新定义符号与符号学[J].国际新闻界，2013，35(6)：6-14.

[22] 郑时龄.建筑批评学[M].北京：中国建筑工业出版社，2014：221-222.

[23] BROADBENT G，BUNT R，JENCKS C. Signs，Symbols，and Architecture [M]. Bath：The Pitman Press，1980：73-74.

[24] 胡飞，杨瑞.设计符号与产品语意：理论、方法及应用[M].2版.北京：中国建筑工业出版社，2012：59-62.

[25] BROADBENT G，BUNT R，JENCKS C. Signs，Symbols，and Architecture [M]. Bath：The Pitman Press，1980：80-82.

[26] 王澍.造房子[M].长沙：湖南美术出版社，2016：38-49.

[27] 苏晓毅.居住区景观设计[M]. 北京：中国建筑工业出版社，2010：7-8.

[28] 苏晓毅.居住区景观设计[M]. 北京：中国建筑工业出版社，2010：317-328.

3　评析：传统民居和现代中式住宅的空间量化比对

空间——空的部分——应当是建筑的主角，这毕竟是合乎规律的。建筑不单是艺术，它不仅是对生活认识的一种反映，也不仅是生活方式的写照；建筑是生活环境，是我们生活展现的舞台。[1]

——[意]布鲁诺·赛维(Bruno Zevi)

3.1　建筑空间的属性分解

3.1.1　空间观念的主要困境

自20世纪以来的建筑师和理论家基本都会认同这样的观点——空间是建筑的本质，是建筑学科得以区别于其他造型艺术学科或工程学科而自立的缘由，然而人们也越来越意识到它的复杂性与难于言表性。

我们所面对的空间观念的困境主要在于它总括了过多的意义和指代，即使在同一段文字的叙述中，数次运用空间表征的所指对象或解释可能各不相同，这势必有碍于信息接收者(读者)的准确理解。在多数情况下，信息编码者(作者)自身也无法清晰地辨识每一处空间的类属，更有甚者刻意利用自然语言的模糊性故弄玄虚，制造空洞的语言魅惑。与此相应，在针对建筑空间的学术研究和教学实践方面，在20世纪80年代后不断涌现出种种反思，但仍未达成有效化解模糊性的共识。实际上，我们无须再创设一套普遍适用的宏大体系，因为这样的体系并不匮乏，反倒是过多甚至冗余了。本书试图放弃“另立山头”的思维定式，基于减法而非加法的角度对空间的观念提供另一条反思的路径，并将传统民居和现代中式住宅作为实证分析的对象。

本书在第2章中曾就“中式”的概念进行了辨析和界定，当时采用的是加法的策略，也就是将“中式”置于普遍的视野中以注入新的阐发和认同。现在相反的，我们需要在涉及“空间”庞杂的诠释中，剔除缠绕重叠的部分，梳理出三个独立的属性类别。限于本书研究的对象范畴，以下的讨论均针对建筑物的空间而言，不触及城市的外部空间。

3.1.2 属性一：作为物理的空间

空间的物理属性是非常直观的，几乎在早期刀耕火种的蛮荒年代就已被认识。17世纪意大利哲学家、历史学家詹巴蒂斯塔·维科（Giambattista Vico）曾设想了人类早期的穴居场景："一个石器时代的人迫于寒冷和风雨，依凭直觉和理智融合的灵感跑到山凹洞穴内寻求庇护所。借助火光仔细地查看遮蔽他的洞穴时，他注意到洞穴的宏伟，并将其理解为外部空间的界限，它与外界风雨隔绝，成为内部空间的伊始。"[2-3]在维科简短的描述中，我们注意到内部空间最基础的属性就是围合（enclosure）。孔子在《周易·系辞传》也有类似的记载："上古穴居而野处，后世圣人易之以宫室，上栋下宇，以待风雨。"从自然穴居发展到人造宫室，是被动的空间探寻向主动的空间营构演进的历程，对空间的物理特性的认知也逐步趋向复杂。西方公元前20世纪的古埃及卡宏城（Kahune）遗址以及中国西周时期岐山凤雏村的早周遗址已经呈现出相对完整且复杂的物理空间，由此推测，在建筑史发展的初期，人们已习知内部空间的物理特性，并且能娴熟地运用物质和技术手段加以实现。

首先定义空间的物理属性：物理的空间强调空间独立于人（不以人主观意志为转移）的客观性状，这些性状以人在单一空间内的感知为前提和依据。单一空间经叠加可推广至多空间，其物理属性满足线性因果关系，不会突现出其余的向度和组织化的结构①。

通常而言，空间的物理特性包含了边界状态、内域状态、形状和比例尺度等方面。容易发现，这些特性主要受制于建造技术、气候条件和物质材料等外在因素，随着时代的变迁进步，人们已经能克服绝大多数不利的外因。比如在传统民居中，要想获得大面积的空间就必须要增加空间的高度，这是运用木梁架结构所决定的，而在当代有了钢筋混凝土结构之后，就能够固定层高。所以，当代居住建筑的空间文脉传承不应从空间的物理属性方面入手，否则就降格成为用现代技术取仿制的"假古董"，徒有其表。我们必须接着挖掘空间中能表征深层次的文化内涵的属性。

3.1.3 属性二：作为组构的空间

透过二元论（dualism）的哲学视角，"空间"概念的多义与混淆在本质上源于其既可用于表征具象可感的外形、形状，又可以用来传达某种高度抽象的观念、本质。本书的前文讨论了居于二元下层的物理属性。如果我们的关注视野仅停滞在物理属性的层面，那么将无从解释为何多空间的组合能倏然传导出高度复杂化和秩序化的文化、社会现象。换言之，只通过身体的感知来衡量空间是存在局限的，在全面地理解多空间组合对象上显得力不从心②，最终甚至导向现象学玄虚的神秘化倾向③——尽管这套方法一直统摄着西方1950年以前的建筑理论。而实践中，小至住宅，大至城市，我们面对的几乎都是复杂的组合空间，单一空间对人类活动的影响微乎其微。

20世纪下半叶结构主义(structuralism)思潮的兴起为组合空间属性的深层认知灌注了全新的思路。结构主义主张："任何科学研究都应超越事物现象本身，直抵现象背后，揭示出操纵全局的系统与规则。[4]"也就意味着，现象并不等于单个事物特性的总和，事物的集聚会涌现出结构，结构不属于任何单一的事物，社会、文化、意义的生产和再创造就是用结构呈现出来的。聚焦整体和关系的立场在哲学家路德维希·约瑟夫·约翰·维特根斯坦(Ludwig Josef Johann Wittgenstein)的《逻辑哲学论》(*Tractatus Logico-Philosophicus*)中得到了清晰地表述："世界是由许多'状态'构成的总体，每一个'状态'是一条众多事物组成的锁链，它们处于确定的关系之中，这种关系就是这个'状态'的结构，也就是我们的研究对象。[5]"

倘若将空间视作某种结构系统，应用结构主义的思维路径就是从一个个具体可感的时空瞬间(immediacy of time-spatial experience)转向在连续时空运动中归纳出的抽象模式[6]，即全局中各部分空间的相互关系，并把这些复杂的关系当作空间的深层结构和隐形秩序。显而易见，空间与空间联系的关系属性超越了可见的物理属性上的相互依存，从实际使用者的行动视域考虑，显得较为抽象虚幻，需要积极地调度知性和理性加以辨识。

试举两个互反的实例对空间的组构属性予以阐述，它们取材于两位空间研究领域杰出奠基人的研究工作。第一个实例来自L. March和P. Steadman在1971年发表的著作《环境几何学》(*The Geometry of Environment*)，他们当时已经意识到传统的欧式几何处理法则只能用来测定空间的面积、体积和角度等物理表象，而离散数学理论如集合论(set theory)、群论(group theory)和图论(graph theory)却可以有效地测度和描述不能够以米制形式(metrical form)表达的结构关系，例如"邻接"(adjacent to)、"相邻"(in the neighborhood of)、"包含于"(contained by)等[7]。

第二个实例是L. March和P. Steadman基于三个由建筑师弗兰克·劳埃

德·赖特(Frank Lloyd Wright)设计的小住宅(图 3-1)，采用图论的数学工具做实证解析，结果表明：尽管这些住宅设计于不同的年代、服务于不同的业主、建设于不同的基地，但是一旦将其转换为图谱(graph)的方式呈现(点表示功能空间，线表示空间链接)，便可以发觉在表观形态各异的背后却隐含着相同的拓扑秩序(topologically equivalent)。

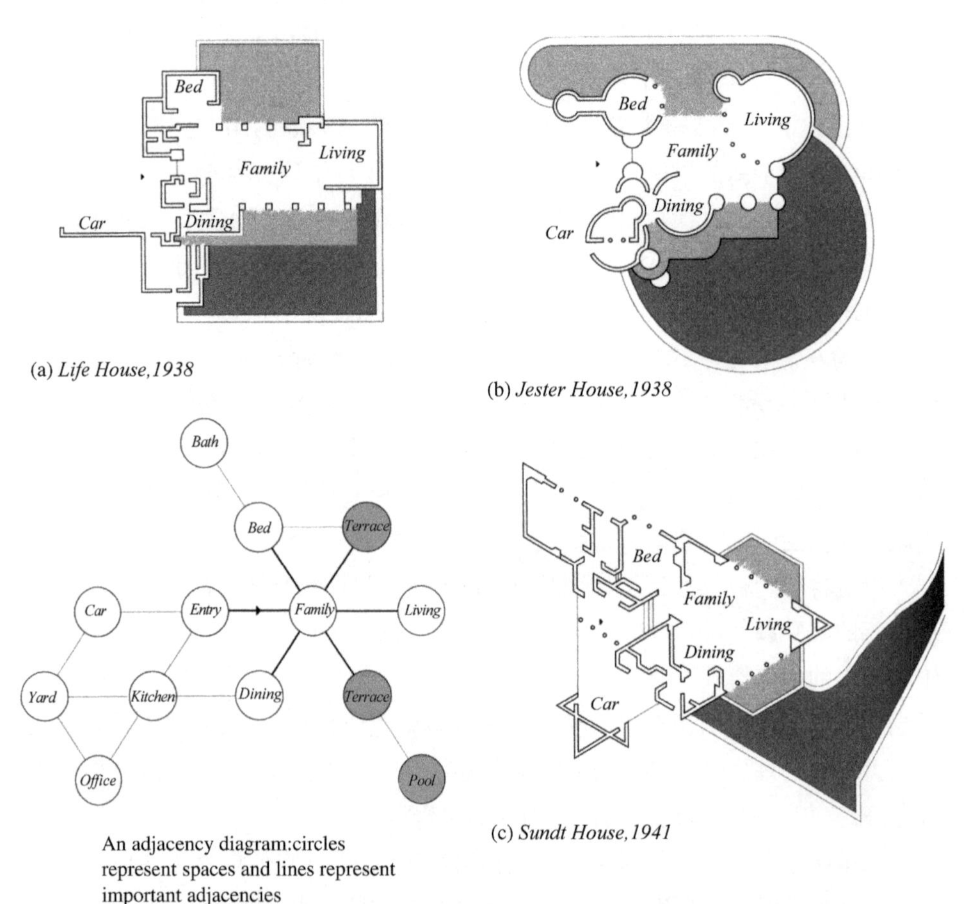

图 3-1　L. March 和 P. Steadman 采用图论分析赖特的三个小住宅(1971)

来源：RASHID M. Shape-Sensitive Configurational Descriptions of Building Plans[J]. International Journal of Architectural Computing, 2012, 10(1): 33-52.

第一个实例表明建筑师在操控不同空间形态的过程中共享的策略模式，意味着物理属性上完全各异的空间在组织结构上可能是高度雷同的。第二个实例正好与之相反，它显示出物理属性上高度雷同的空间在组织结构上可能是完全各异的。该例取自汉森在 1998 年出版的著作《解码家与住宅》(*Decoding*

Homes and Houses），在书的引论部分汉森构造了 4 个基于 3×3 网格的庭院式住宅（courtyard house）的平面，其中各个部分的空间具有近似的边界状态，其余向度的物理属性则完全保持一致。汉森通过空间句法的 J 型图分析（本书稍后将对 J 型图作详述）表明它们拥有截然不同的内源构型，分别是浅丛型（shallow bush）、浅环型（shallow ring）、深环型（deep ring）和深树型（deep tree）[8]（图 3-2）。从空间句法的观点看来，这些序化的构型规则适配于不同聚落的社会逻辑和人居观念，由此“空间—社会”实现了某种互动循环，空间物化了社会信息的同时又反作用于社会。

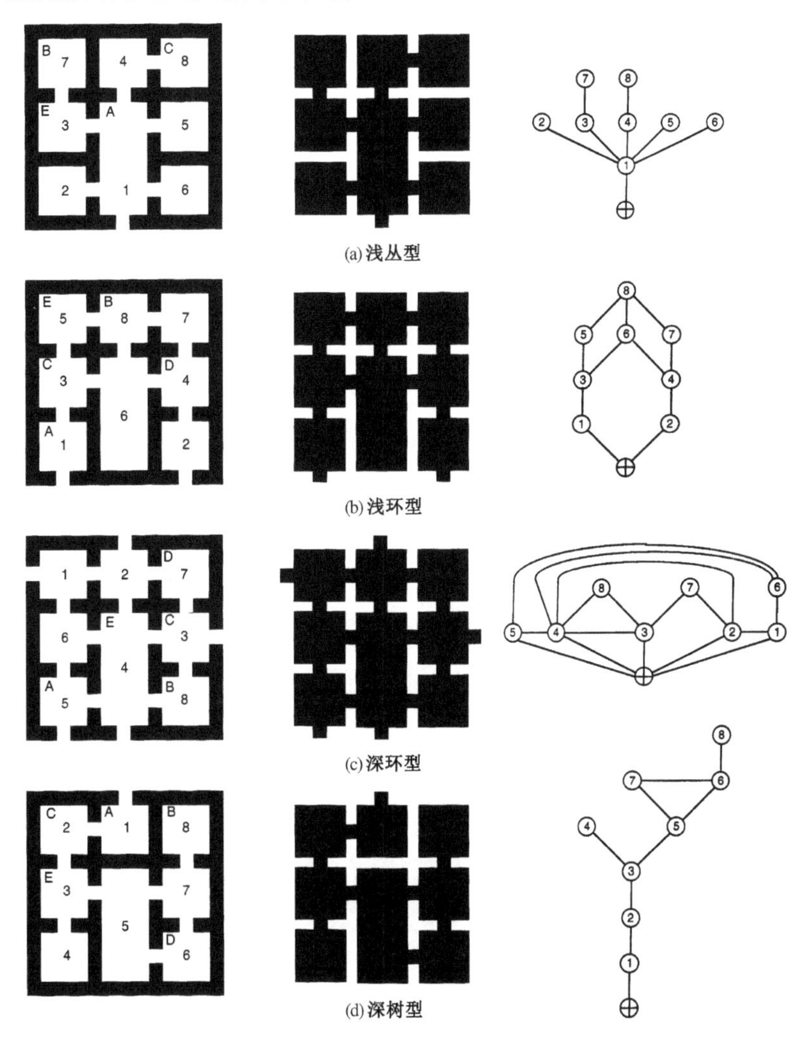

图 3-2　汉森采用空间句法分析四个构想的庭院式住宅(1998)

来源：HANSON J. Decoding Homes and Houses [M]. Cambridge: Cambridge University Press, 1998: 25.

研究空间关系属性的实质在于帮助我们认识操纵复杂表象背后的简单规则，纵然因时代的、地域的、文化的、建筑师个人的要素，空间可以呈递出千变万化的差异格局，但是总能刻画出贯穿其中决定性的规律结构，比尔·希利尔将这种深层次的空间属性命名为“组构”(configuration)：一个复杂系统中任意一对元素之间的关系被定义为一种简单的关系，或者是相邻，或者是可达。在一个复杂系统中，只要这种简单关系至少被共存的第三个元素所影响，或者被所有其他元素影响，那么它就是一种组构关系[9]。空间的组构折射出深层的文化意涵，是实现空间文脉传承的关键。

综合来看，空间的物理属性受到时代、技术、地域等因素的影响，会呈现出多元、流变、显性的差异格局。就空间的内域状态和比例尺度等物理属性方面，在传统民居和现代中式住宅之间很难寻找到共同点。只有从深层次的组构属性出发，才能为两者构建起可交互比较的基石，而它依赖于我们对传统民居组构特征的把握。

3.2 江浙传统民居空间样态的历史成因

承第 2 章的论点，现代中式住宅若以空间为象征符号，那么它背后的所指物一定指向传统民居的空间。这意味着无论是对现代中式住宅进行客观的实证解析还是主观的价值判断之前，都有必要对江浙传统民居空间样态的历史成因做探讨。引借美国环境行为学者艾伦·阿尔特曼(Irwin Altman)在 1980 年提出的“宅型成因三要素”的阐释模型[10](图 3-3)，民居空间的形态特征是环境要素(environmental factor)、技术要素(technological factor)和文化要素

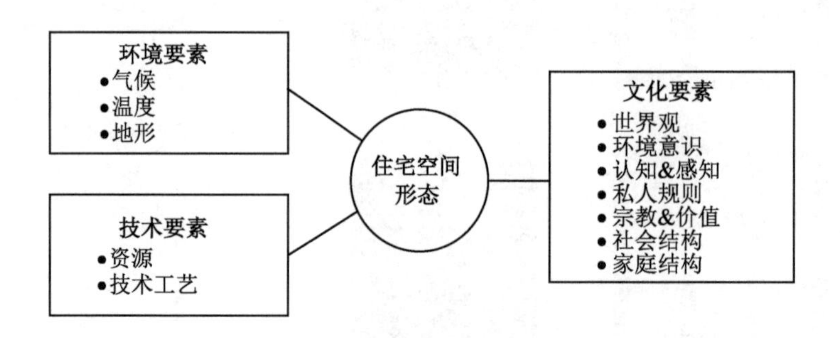

图 3-3 艾伦·阿尔特曼提出的宅型成因三要素模型

来源(译)：ALTMAN I，CHEMERS M. Culture and Environment[M]. Wisconsin：Cole Publishing Company，1980：156.

(cutural factor)三方面综合交互作用的结果。阿尔特曼阐释的模型在发掘和描绘特定文化单元的共源性规律方面具有便于操作和界定明晰的优势。

3.2.1 气候因素:天井形式

从边界状态的角度来看,江浙民居的空间具有两个显著的特性:一是面向外部的界面极为封闭而内部紧挨着庭院,二是天井的界面往往是半透或开敞的。针对这两个特征的解读,有从行为交往的社会层面出发的[11],有从空间感知的审美层面出发的[12],亦有从集体模式的心理层面出发的[13]。诚然,以当代的立场来揣测古代的现象或多或少都可以说通,但是换位到古人的视角观之,首先应该考虑应对外界气候的调节。因为这三种解读不仅对南方的多天井民居是成立的,同样也适用于北方的四合院住宅,甚至在解释后者时更具说服力。在因果关系上,微气候的调节是江浙民居多天井形态的缘由,而社会互动、空间审美等是作为长期空间实践后沉淀下的结果。

与北方地区冬季的寒风料峭和全年少雨的气候模式不同,江浙地区需要面对湿热难耐的夏季,而且在冬季同样会受严寒的侵袭。由于夏季持续时间较长,要求住宅的立面能有效阻隔太阳光线的热辐射,因此四周常环绕以厚实的夯土墙或绝热性能良好的复合材料,以隔离夏季炎热的环境,除了南向立面上设有门窗,其余各面罕有大的窗洞口。一般而言,多数住宅还会在外墙上涂抹白色的灰泥,目的是为了反射太阳光线。倘若把住宅整体视作一个空间单元,它向四周传递出的是封闭和防御的姿态,但这其实只是视觉的表象,仔细观察民居各个面上通常都有不止一个对外的开口,意味着内外空间仍存在强烈的流通性,这一点与北方的民居截然不同。

相较北方民居开阔的四合院,江浙民居的天井显得精巧玲珑。“天井”一词始见于《孙子兵法》中对“四面陡峭,溪水所归”这一地势的形象记述,指明了狭窄而高耸的形容词意。明清以后,“天井”普遍用于描述民居外墙以内的无顶空间,至于为何弃用“院落”“庭院”等更为古老成熟的称谓,有国内学者指出与落水成“井”的意向有关,天井汇集屋檐滴水而成方池,收藏“天水”[14]。当然广义上而言,如清末“香山帮”匠师、江南耆匠姚承祖撰写的《营造法原》的定义——天井即两建筑物之间的空地——也就包括了传统意义上由三面或四面房屋与墙垣共同围成的三合院、四合院。

在数量比重上,江浙民居中半数以上的天井都只是小型的采光井和承雨井,它们的宽度虽只有一两米,长度却和房子的正面一致,在伯努利效应

(Bernoulli's principle)④的作用下形成了排除室内多余热空气的拔风孔道(图3-4)。面向天井开敞的室内厅堂、导风的直廊道、天井、冷巷共同构成了完整的"烟囱效应"链条,动态运作原理如下:白天,冷巷空气因低温而下沉,通过天井注入各个居室,与此同时,室内的空气因人体散热而不断升温,通过天井向上排出;夜间,天井上空散热快、密度高、气温低的气流自然下沉,然后穿过房间各风口排至外界[15]。冬季的情况下,因室外风速的下降和热压通风作用的削弱,热量损失有效缓解,加之外围厚实墙垣的包围,天井内存留了温热的空气。江浙民居内部大量的天井能够有效地适应南方地域湿热的气候环境,构筑宜人的微气候环境。

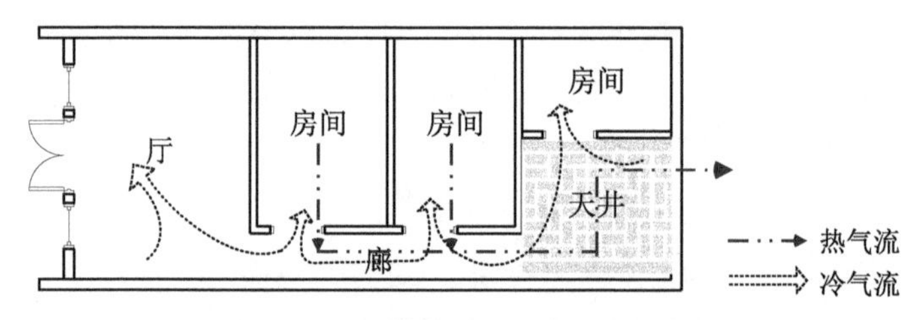

图 3-4　江浙民居天井的气流调控效应

江浙民居天井的数量和种类极为纷繁,姚承祖撰写的《营造法原》图稿中唯一的平面配图向我们展现了一座位于苏州拙政园旁典型的江浙民居的空间形态,大小各异的 26 个天井均匀地嵌置在住宅群落的各个部位,与室内的厅堂、房间形成了绵密交融、彼此依存的关系,犹如有机生命体内呼吸支持的"微孔道"(图 3-5)。从生态营造的视角观之,四周高墙内的建筑群是一个热效率高、气体对流迅速的系统,能够形成内部热舒适度恒定的物理环境。

3.2.2　技术因素:木构体系与"间"

究竟为何江浙民居能在布局紧凑的内部创设数量如此之多的外部空间呢?事实上,答案蕴含在技术因素中。众所周知,中国传统民居建筑沿用木构体系,正如梁思成先生所言的"土木之功"[16]——土和木几乎是民居营建的主要材料。关联到在世界各地多样的建筑现象中横向地比较审视,中国建筑的木构体系都是独树一帜的,南京大学赵辰教授曾呼吁对中国木构建筑传统做独立于西方古典建筑系统以外的重新诠释[17]。目前国内的研究大多集中在结构工艺、营造方式和建构意义等物态之域[18-20],还未出现能打通技术和空间两个层面的联系性叙述。关于这一点,美国纽约州立大学地理学者罗纳德·那仲良(Ronald G.

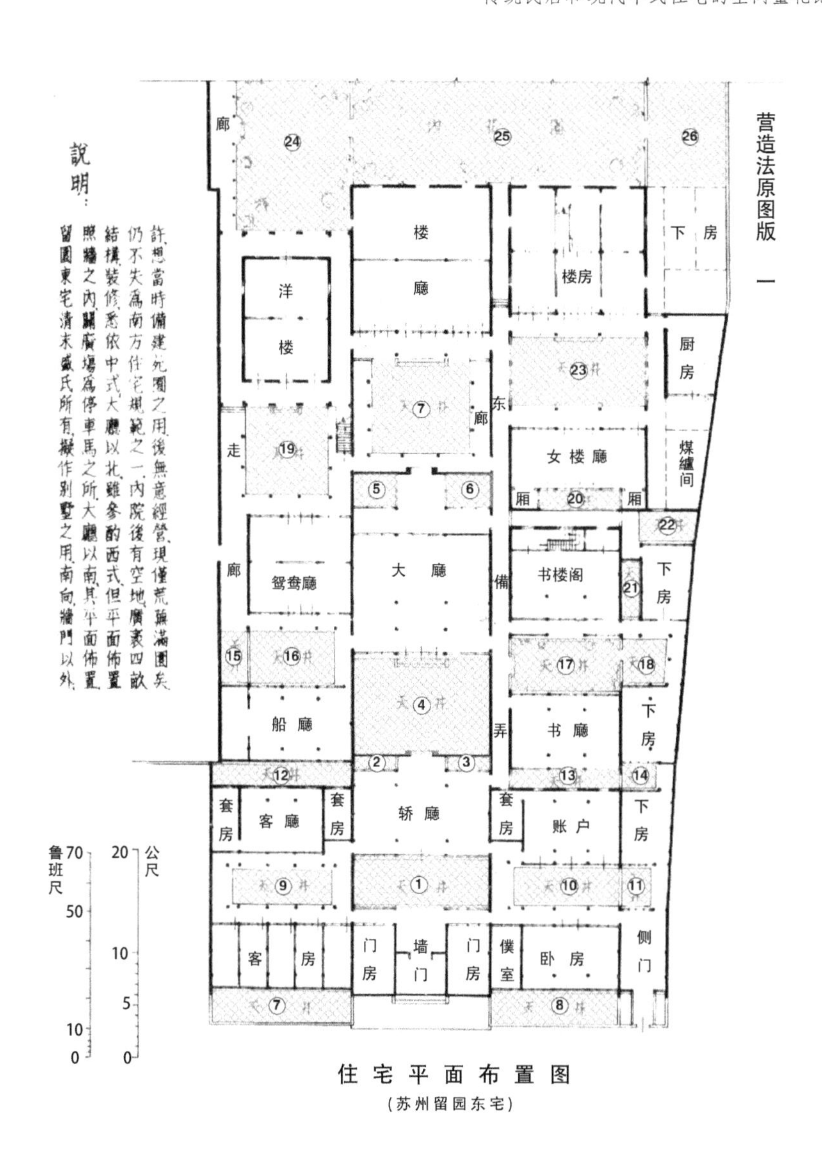

图 3-5 《营造法原》配图中住宅的天井空间（格纹图案表示）

来源：改绘自姚承祖，张至刚，刘敦桢. 营造法原[M]. 北京：中国建筑工业出版社，1986：171.

Knapp）的研究启示给予我们一条重要的观察线索，那仲良教授是 20 世纪 70 年代中美恢复建交后最早一批前往中国进行学术考察的美国学者，随后的 40 年间对中国乡土建筑开展了翔实的田野考察和图文记录。

那仲良不仅关注民居屋架以上的结构，还留意了房顶下的围封部分，以及空间是如何被结构所限定划分的。他特别强调了“间”，又称开间，是中国传统民居的基本空间模块，并以此赋予建筑整体以形式(图 3-6)。虽然梁思成很早就对“间”下过确切的定义：“四柱之中的面积，谓之间”，然而建筑学界长期只是把“间”作为古建筑术语中一般的名词概念看待，尚未意识到其中内蕴的本体观及价值内涵。

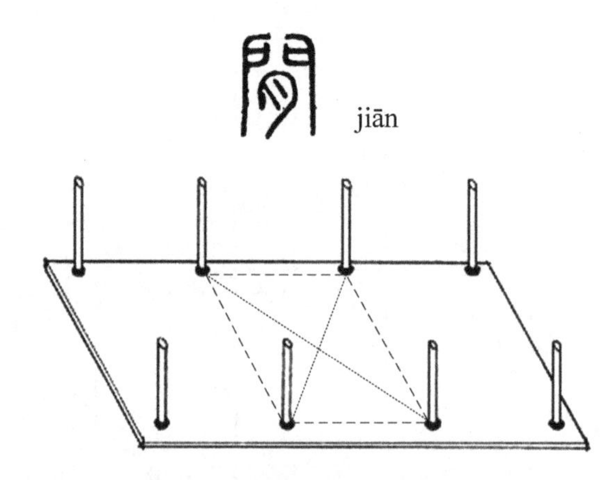

图 3-6　中国建筑四柱之间的“间”

来源：改绘自 KNAPP R G. China's Vernacular Architecture: House Form and Culture[M]. Hawaii: University of Hawaii Press, 1989: 33.

本书基于那仲良提供的思路拓展，从中西方住宅空间形态的比较视界切入，试探讨、把握结构和空间的互构本质。图 3-7 左图是位于浙江地区常见的三合院民居的平面，右图是古希腊时期的明厅式(atrium)住宅，乍看之下，二者

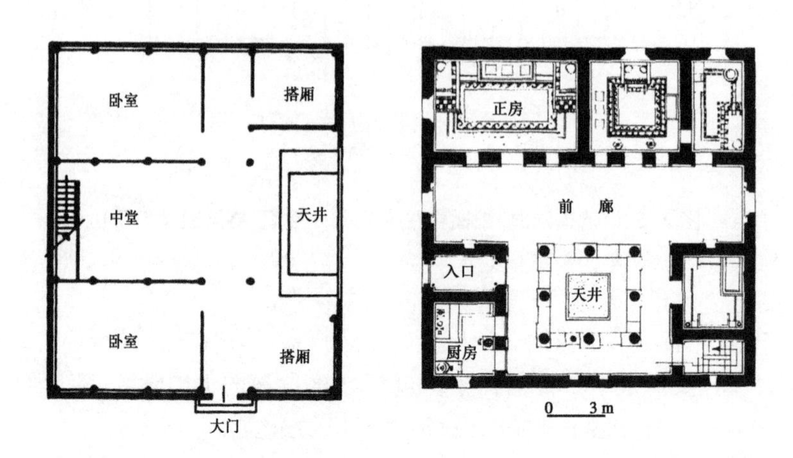

图 3-7　中西方天井住宅空间对比(左：浙江三合院民居　右：古希腊明厅式住宅)

来源：① 李秋香，罗德胤，陈志华. 中国民居五书 · 浙江民居[M]. 北京：清华大学出版社，2010：82.
② RIDER B C. Ancient Greek Houses [M]. Illinois: Argonaut Press, 1964: 31.

拥有诸多雷同之处:近似的比例尺度、内部三合院的天井形态以及围绕着天井呈“U字形”一主两厢的对称格局。除了木构和石砌这两种结构一目了然的区别,经仔细地辨别还能发觉其间微妙的分野:①两处平面都设有柱,但浙江三合院民居中的柱相互对正、匀质地分布,而古希腊明厅式住宅仅设立在天井的四周,柱列或墙体之间相互对正的关系。②柱子显然是浙江三合院民居作为主宰的承重结构物,每一根柱子相互之间都存在结构关系,控制着全局平面的秩序,而墙体(木隔断)只顺应柱位插入,而古希腊明厅式住宅正好相反,承重石墙切分、框定平面的功能布局,八根柱子可以被视为墙体在天井处的衍生,是为了满足局部的透风和采光需求不得已的简化物。换言之,这里局部增添的柱子和其他承重墙体之间没有直接的关系,不构成结构的核心部分。③由于木隔断的灵活性、轻便性,浙江三合院民居的内部空间获得了较大的弹变性和调动区间,似乎柱子在一定程度上反倒是起了真正分隔空间的作用。而古希腊明厅式住宅的墙体一经建成,往往永久分隔室内空间,不便于改动调整。

经过以上分析,我们发现中国民居里“柱”的问题看上去像是一个关乎结构的构件问题,但可能与中国建筑的空间特征紧密契合。“柱”实际上暗含了结构和空间的双关,而当其表示空间的情况下就是“间”,“间”因此也带有双重属性——既是结构单元又是空间单元。要是中国古代建筑的用材规模都可以依据一个小小的“斗口”来确定的话,那么中国古代建筑的空间规模都可以根据“间”来确定。“间”既关乎它自身,也就是意指柱子之间的空间,还与整个建筑物的空间组织相关,因为当一个“间”与其他“间”相连时,它会创建出一个匀质的几何网格,由此揭示了房屋结构的基本布局和平面尺度。在实用意义上,“间”作为衡量建筑规模的单位,我们仅在知晓“几间几架”或“几间几进”的情况下就可以八九不离十地掌握建筑物的平面及空间情况。

以“间”来构成空间的范式体现了“空间模块化”的思维,即中国古人采用“组合”的思路来配置功能。空间操作过程中的一般逻辑是先增加柱(结构),于是形成“间”(空间),继而添置隔断(功能),然后可通过增加一对平行柱和延伸屋顶的桁条来不断地反复扩展。这种朴素的加法建造逻辑既可以实现开间数目的横向增殖,又同样适用于同一开间内的纵向扩展,甚至于在不同地形高差上进行营建(图 3-8)。于是传统民居的增建、扩建、拆除都变得很容易,因为“间”与其他“间”构成了某种相似性的同构关系,所有的操作本身都是结构单元的操作。从空间的功能属性而论,“间”拥有同时承载多种功能的特质,占据一个或若干个结构意义的“间”,可以广泛地适用于生活、生产、仪式的情境,具体的功能须借助于小木作(家具)来实现。

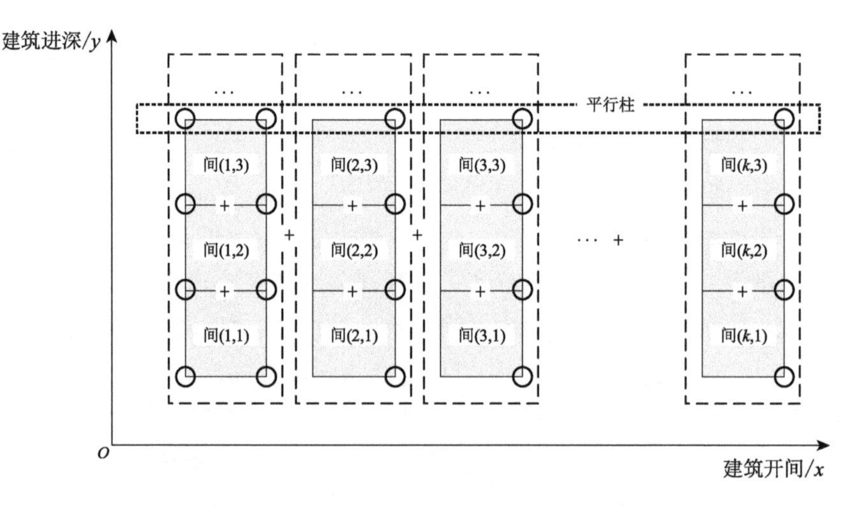

图 3-8　中国传统民居“间”的扩增逻辑(k 为奇数)

3.2.3　文化因素:空间礼仪

文化愈来愈发展为一个包罗万象的宽泛概念,似乎任何对之的论述都无法面面俱到,但归根结底,文化缘起于社会学或人类学的研究范畴,是相对于经济、政治而言的人类全部精神活动及其产品。以威斯勒(C. Wissler)和托马斯(W. I. Thomas)为代表的美国社会学家很早就指出文化的本质是规则和方式,具体表现为共享的行为模式、对越轨行为的制裁以及未来活动的“规划”[21]。空间作为一切社会行为的载体,必然和文化有紧密的互动乃至互构的关系,在 20 世纪 70 年代,西方的社会学正式地把空间的讨论单独抽取出来,并纳入社会学的一般性理论中。其中法国社会理论学家亨利·列斐伏尔(Henri Lefebvre)的贡献尤为醒目,他在《空间的生产》(*The Production of Space*)中构建了空间社会学系统的概念内涵和理论框架。列斐伏尔认为,空间不但是广延意义上的物质概念,而且是种种文化现象、政治现象和心理现象的化身,一方面,空间附庸于社会文化制度,是意识形态的表征,承载着结构化的社会秩序;另一方面,空间控制、束缚及巩固着社会实践的既定秩序。微观社会视角下(私人的、具体的、日常的),空间一直处于动态的生产和再生产的变换中,宏观社会视角下(国家的、抽象的、历史的)空间则处于相对稳定的状态,但会随着社会制度的变革发生嬗变。空间社会学在建筑领域产生了广泛的影响,希利尔的空间句法就是基于空间的社会逻辑出发的，此外建筑人类学、环境行为学都是基于此。

相异于支配当代空间背后的社会资本逻辑，中国传统民居空间遵循的则是“礼仪”。“礼”可谓是中国古代意识形态的核心，延伸到社会的方方面面，“礼”一般被认为是等级制度，据李泽厚先生的说法，它最初是儒学创始者孔子对周代晚期氏族统治体系加以规范化和系统化的总结，一方面它有上下等级、尊卑长幼等明确而严格的秩序规定，另一方面，由于古代经济基础仍延续着氏族共同体的基本结构，因此这套礼仪仍然保持着原始的面貌。礼仪在中国古代有极其重要的社会作用和政治作用，正是通过“礼”将一盘散沙的社会组织凝聚起来，因循一定的社会秩序和规范来进行生产与生活，以维系整个社会的生存和活动。“礼”对于每一个社会成员都有强制性和约束力，相当于后世的法律，实际上是一种未成文的习惯法[22]。

具体到单个住宅内部，“家”是推行和维系礼制的基本单元，民居空间因此成为礼仪实践与生产的场所，它的平面布局——各种房间的位置、相互关系，受宗法社会的礼仪秩序、纲常伦理、家庭成员的“人文序位”、尊卑名分、正偏、长幼、性别、内外等的约束，必须符合传统礼仪文化对上述这些关系的规约[23]。在江浙民居中，存在以下三项关键的礼仪要义对空间形制产生了深远的影响。

(1) 聚：群居和一

古代荀子为孔孟儒学补充了“群”的思想维度，“人生不能无群”“人能群，彼(牛、马)不能群也”“明分使群”从此成为礼制思想的重要根基[24]。中国古人以“家庭—家族—宗族”的基本组织形式集聚，基于血缘纽带的聚居共同体贯穿各个尺度层面。聚焦最小规模的家庭，在江浙一带，随着唐宋以降平民社会的兴起，两三世同居形成“五口之家”⑤的小家庭结构成为最基本的群居单元，借用现代社会学的标准，属于“联合家庭”(joint family)或“主干家庭”(stem family)。这意味着，男主人和他的妻子(妾)、他的父母、未结婚的孩子、已结婚的儿子及其妻子、甚至他的孙辈都一起居住在同一屋檐下，倘若在较大的家庭中还另有仆人和侍从。

由此，住宅空间的布局必须合乎礼仪地安置长幼、亲疏、尊卑、贵贱、男女、内外等人伦关系，这依赖于一系列抽象的象征法则和具体的运作手段。前者以方位、大小、轴线等嵌入社会意识的秩序得以彰显与申明，是普遍性的存在；后者以边界、准入、深度等真实的空间机制来构建权威，仅出现在大型的或具有一定政治身份家庭中间。

(2) 中:居中取势

中轴线对称是古代东西方文化共有的构图型制。在西方早期基督教的文化背景下,轴线和路径密不可分,被赋予了生命维度的深层精神意涵[25],文艺复兴以后,中心轴线又与菲利波·伯鲁乃列斯基(Filippo Brunelleschi)发明的静态“中心透视法”紧密地联结,中轴的存在使视觉上左右眼成像高度对等。反观中国建筑文化内的轴线意识,既没有基督教语境下神圣信仰的精神向度,也不在意文艺复兴透视模式中图像左右侧的严格镜像。援引日本建筑学家伊东忠太的观点来看,中国住宅的轴线是为了取“左右均齐之势为配置”。其中“势”的观念尤为关键,发轫自韩非在法家理论中构建的思想,它指具有优越性和潜在动能或力量的形式和位置[26]。伊东忠太其实只观察到了民居内中轴作用的一半,也就是均衡布置左右的局势(应注意其区别于视觉上的完全对称),其实更为重要的一半是强调居于中间的势,也就是“居中取势”。

宋代大儒朱熹在《中庸章句》题解“中”的释义为“中者,不偏不倚,无过不及之名”,应用于空间的配置,中轴的位置具备最优越的“势”,是礼仪梯级的高地。随着中轴向两侧的空间辐射,对应礼仪序列的梯级也随之向下降格。以中轴为组织基准的群体体现的不是美学意义上的完型,而是伦理实践的动势秩序。从这样的逻辑出发,不难理解为何江浙民居的纵轴线上是不安排居室的,排的是“厅堂”,因为“堂”是整座住宅的礼仪核心。汉代古籍《释名》对此已有确当的表述:“堂,当也,当正阳之屋;堂,明也,言明礼之所”;“言者为堂,自半从前虚之,谓堂,自半以后实之,谓室”。“堂”与“室”在礼仪文化下是严格有别的,堂的首要功能是摆放祖先牌位以供祭祀用,另外还在厅堂里接待客人、议事等[27]。

(3) 正:正位凝命

除了中轴能有效地区分“势”,在古代礼制体系下“位”也有同样的功能,也就是通俗意义的方位。《周易》中有所谓“阴艾阴位、阳艾阳位”的说法,反映出“位”与迷信思想有关。其实早在先秦时期,上下、前后、南北东西就已经对应着特定的尊卑位序,可能是承袭了原始自然方位(如太阳、北斗星辰等)的崇拜信仰[28]。在嗣后的数千年间,方位礼仪内化为儒家文化中的经典教条,久久不衰。以下介绍几对重要的方位意识:

上、下之别:上下区别了高低的方位,上代表天,下代表地,古人以上下譬喻君臣之间的关系,是故上为尊,下为卑。因为上常常代表皇帝,一般的住宅中通常不采用上下方位的隐喻。

正、偏之别:《周易》鼎卦象辞有言“正位凝命”,住宅空间的“正位”一般是居于全宅中心(院)靠后的位置，也就是正厅所在的位置，而正厅又以堂屋居中为贵。堂屋两侧稍次之，一般为长辈、主人的寝室，院中心两侧处于辅弼之“位”，为子女的寝室，四角之“位”称谓“隅”，只能作为储藏之用(图 3-9)。

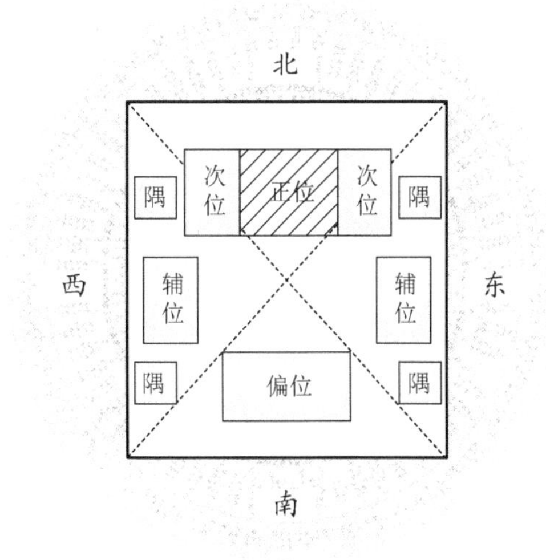

图 3-9 江浙传统民居“位”的礼仪序差

东、西、南、北：朝向的尊卑序列不仅体现在空间布局上，还发生在家具摆置、座次等具体礼仪行为中。以院子为参照，北为等级最高的尊位，南面为等级最低的卑位，堂屋就是席北而面南的，一般南侧为过厅或仆人等辅助用房。东西方位的等级处于南北之间，理论上西侧要尊于东侧，但一般民居很少严格执行(图 3-9)。

3.3 基于空间句法的空间拓扑原理和方法

空间的物理属性很容易被人们认知，并通过古老的欧几里得几何学语言得到精确表述，相比之下，即便承认空间的组构属性的前提，也绝不是轻而易举地就能刻画出组构形态的。在空间分析中，研究者能收集的资料通常是建筑平剖面图纸、真实的空间体验和背景介绍文本，其中最便于获取且涵盖信息最广的无疑是平面图。以平面图作为原材料，经由一系列的转换规则和技术手段的演绎，最终输出为能纯粹表达组构的图示数学语言，这正是迈向分析性的建筑组构理论所必须突破的关键环节。所幸的是，Steadman 探索的形态语言和希利尔创制的空间句法都在不同程度上攻克了实现转换的难点，鉴于后者体系更具理论的优越性，而且已经广泛地被西方建筑学界接受为相对成熟的范式，因此本书将基于空间句法理论脉络，阐述实现空间拓扑化的机理、途径和手段，在细节上也会借助 Steadman 形态理论修正空间句法应用于微观空间的缺陷。

3.3.1 空间组构的拓扑表达规则

空间在经典物理学的解释框架下是连续体，暂时抛开可无限延伸的城市和广袤的自然空间，就建筑外墙以内的室内空间而言，虽然可能存在若干不同的房间，但必定构成一个互相贯通的连续体，按照密斯的看法，空间应该是流动而非静止的。然而从感知角度出发，当人置身于一个复杂的空间系统中，只能对其中的每一个局部形成片段的（fragmented）和非同步性的（unsynchronized）体验。换言之，人们对于全体空间的洞悉依赖于不计其数的局部信息叠加、合成，这提示我们暂时摈弃物理学的观察视角，因为连续系统（continuous system）是不容易界定和研究其结构的，唯有将其转化为离散系统[6]（discrete system）才能予以分析。尽管瞬时的空间感知为裂解空间的连续体提供了有益的指引，但感知的样本数目本是无穷多且变幻不定的，不大可能成为分割的标准。希利尔一项重要的贡献在于把社会属性引入空间，以此化解了标准的问题，他认为建筑空间和人的行为存在一一映射（bijection）的关系，特定的空间总是绑定着特定的使用者与特定的行为。于是，社会属性的区分（常规情况下可以用不同功能代指）成为建筑空间离散化的首要标准[7]。

当空间的社会属性分界模糊或信息缺失的情况下，希利尔提供了更一般化的判别模型，称为凸空间分析（convex space analysis）。凸空间的概念引借了初等几何学中凸多边形（convex polygon）的概念，在几何学的定义下，凸多边形是一个内部为凸集的简单多边形，其内部任两点之间连成的直线皆位于多边形内部，且所有内角都严格小于 180 度[图 3-10(a)]。与凸多边形互反的是凹多边形（concave polygon），即其内部存在着两点的连线穿透到多边形之外，凹多边形至少有一个钝角[图 3-10(b)]。一个凹多边形可以表达为两个或两个以上的凸多边形的组合[图 3-10(c)]。类比到空间中，一个凹空间可以表达为两个或两个以上的凸空间的组合。问题在于，为何能用纯几何学的判别方法区分空间的社会属性，根据伦敦大学空间句法学者茹斯・康罗伊・戴尔顿（Ruth Conroy Dalton）做出的解释，凸空间的界定和处于空间内的躯体相关联，因为在凸空间内任何两个占据潜在性位置的个体是彼此可见、可感的，戴尔顿用“共存性”

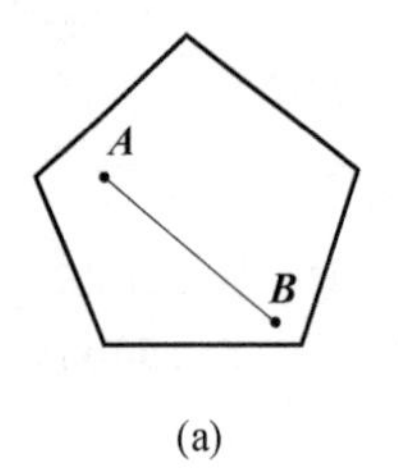

A B

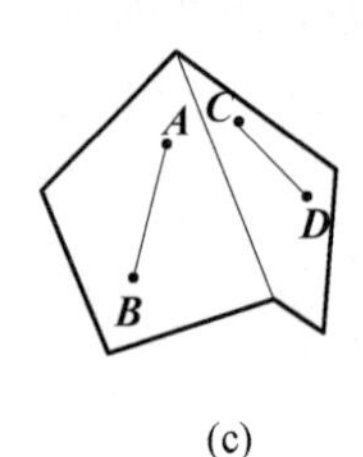

(a) (b) (c)

图 3-10 凸多边形与凹多边形

(co-presence)来概括这种性质，意味着一个凸空间只对应一种社会内涵[29]。然而在一个凹空间内，由于两人互不可见(即 A 对 B 是隐蔽的)，这个凹空间内可能涵纳两种社会内涵，需要分成两个凸空间单独讨论。

总结下来，希利尔试图把建筑内部连续空间转化为离散系统的方式原则上依赖于明确的社会属性划分，也就是通常情形下的功能分区。在社会属性难以界定或需要二次切分的情况下再使用凸空间分割，即以最少数量的凸空间来覆盖整个凹空间。一类常见的误区是拿到平面图就不顾一切做凸空间分割，这显然颠倒了主次准则，也与希利尔和汉森在《空间的社会逻辑》一书中所列举的聚落、住宅空间分析的例证都不相符。其中最极端的例子是蒙古包，由于帐篷是圆形的，按几何学定义必然是一个凸空间，但是帐篷内部不同的区域恒定地从属于特定身份人群，发生特定的社会行为，故应被分解成若干个离散空间(图 3-11)。

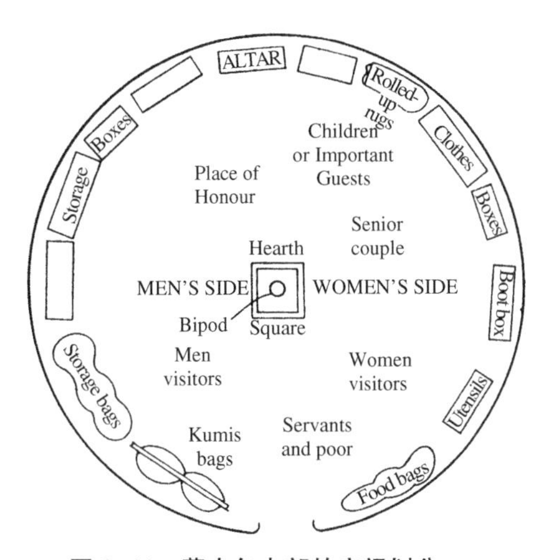

图 3-11　蒙古包内部的空间划分

来源：HILLIER B, HANSON J. The Social Logic of Space[M]. New York: Cambridge University Press, 1984: 179.

考虑单个离散空间单元的情况[图 3-12(a)]，我们也把它称作元空间(elementary space)。一般情况下，元空间由边界(boundary)和准入口(access)两个部分组成，准入口可以是一个或者两个，元空间以外就是建筑外部，也称作载体(carrier)。从社会意义上来看，该空间单元被有权力使用该空间的人支配，手段就是掌握空间向外的流通渠道，即控制准入口。用连接线表示载体进入元空间的逻辑(等价于前文 2.2.1 节表意语言的包含关系)，如果准入口有两个则对应有两条连线[图 3-12(b)]。推广至一般的情况[图 3-12(c)]，一个复杂的空间系统可以裂解为若干个离散空间单元，每个空间单元总能够从至少一个其余空间单元准入(等价于被包含)，相应的可用圆圈"○"表示该空间单元，用带有十字的圆圈"⊕"表示外部载体，用连线表示不同空间单元之间的链接。最终，这些表征离散空间单元的圆圈与圆圈之间复杂的连线构成了一个可以用图论(graph theory)的数学语言予以描述的拓扑图形。

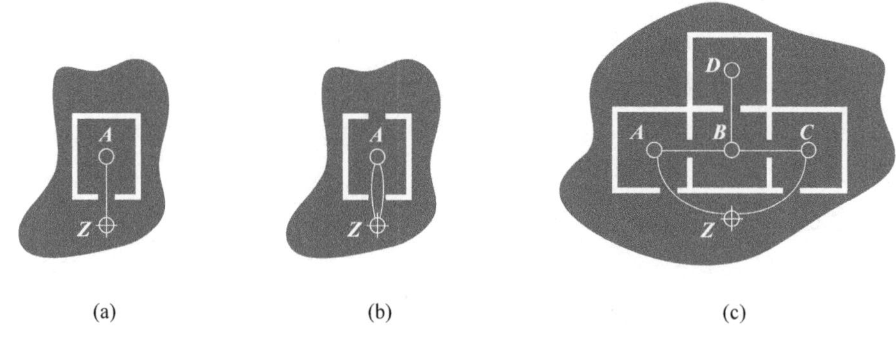

图 3-12　空间系统拓扑化表征示意图

图论是近代组合数学的一个分支，与群论、矩阵论、拓扑学等其余数学分支有着密切关系。简单地理解，图论研究的是事物之间的特定关系而不是事物本身，它和结构主义的思潮不谋而合⑧。图论使用由若干顶点（vertices）及连接两顶点的边（edges）所构成的图来刻画现实具体事例，这一视觉化的研究方法恰好契合建筑学惯常的思维方式。图论认为，一个图 G 是一个有序三元组 $(V(G),\ E(G),\ \psi(G))$，其中 $V(G)$ 是非空的顶点集，$E(G)$ 是不与 $V(G)$ 相交的边集，而 $\psi(G)$ 是关联函数，它使 G 的每条边对应于 G 的无序顶点对。若 e 是一条边，而 u 和 v 是使得 $\psi(G)=uv$ 的顶点，则称 e 连接 u 和 v；顶点 u 和 v 称为 e 的端点[30]。图 3-13(a)撷取了图 3-13(c)中的拓扑图形，我们尝试用图论的定义对它进行描述。

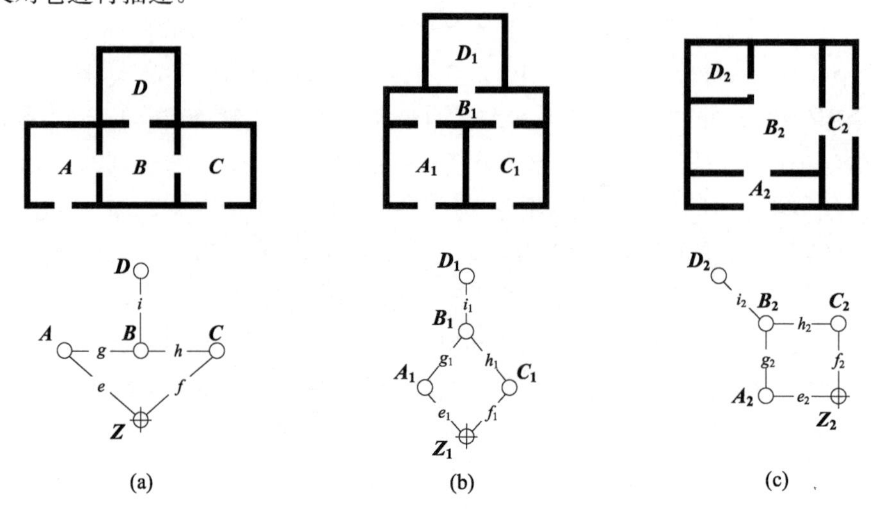

图 3-13　同构空间的图论表达

3-13(a)图形 G 由 A、B、C、D 四个功能空间单元形成的顶点集 $V(G)=\{A, B, C, D\}$ 和空间单元间的链接形成的边集 $E(G)=\{e, f, g, h\}$ 构成，关联函数 $\psi(G)$ 定义为 $\psi_G(e)=AZ$，$\psi_G(f)=ZC$，$\psi_G(g)=AB$，$\psi_G(h)=BC$，$\psi_G(i)=BD$。因为该图形中顶点的位置在建筑平面图各空间单元的几何中心，意味着图 G 只抹除了平面图的尺寸、形状等物理属性，仍保留了建筑内部单元的位置信息，它依然能够反映平面的形态，所以可记作 M 型图（morphology map）。

显而易见，当一个 M 型图中不同顶点的相对位置发生移动时，可以变幻出诸多分形。图 3-13(b)和 3-13(c)是设想情况下 G 由图 3-13(a)变幻出的两个分形，其对应平面图的外轮廓、各功能空间的大小比例、位置关系均发生了巨大的变化，然而整体的空间组构是一致的，其中每个空间单元处于整体系统网络中的关系、地位是一致的。譬如 B 空间在图 3-13(a)中可能是厅堂，在图 3-13(b)中可能变为廊道，在图 3-13(c)中可能是一个庭院，但相同之处是 B 空间具有公共属性，因其同时链接着其余三个内部空间。我们称图 3-13 中三张具有相似组构的图是同构的（isomorphic），记为 $G_a \cong G_b \cong G_c$。严格意义上，判别和证明两图同构的方法是：至少存在两个一一映射 $\theta: V(G_a) \rightarrow V(G_b)$ 和 $\phi: E(G_a) \rightarrow E(G_b)$，使得 $\psi_{G_a}(e)=uv$ 当且仅当 $\psi_{G_a}(\phi(e))=\theta(u)\theta(v)$，其中 e 为任意边，u 和 v 为任意顶点。

同一个 M 型图的同构数目在理论上和实际建筑中是无限的、不可计数的，这会对研究造成很大的困扰，是否有可能用相同的表达概括全部的同构图，祛除分形带来的迷惑？为此，希利尔提出了一种能有效消去分形的图谱，称为调整图（justified map），或 J 型图。它的绘制方式是：假使以载体作为图示的出发点首先将它绘出，接着把所有与出发点直接相连的空间平行排列在出发点之上（位于同一条水平轴线），绘出与其连接的线段，这条轴线被定义为“一步拓扑空间”，然后间隔以同样的距离，在这些一步拓扑深度的基础之上绘出与它们相接的单元和连线，形成“二步拓扑空间”，以此类推。拓扑空间的步数越大意味着空间越深，越难进入和抵达。当空间单元比较多且复杂的情况下，连线可能是长且迂回的，但是一条重要的规则是：连线不能相交[31]。一旦择定了出发点，J 型图就是唯一确定的，因为它不再保留任何与空间的位置、形态相关的信息，只留下了抽象的拓扑信息。对于一幅含有 n 个空间单元的系统而言，至多可以绘出数量为 $n+1$ 幅 J 型图。之所以最多，是因为可能出现从不同的顶点出发却得到相同 J 型图的情况。图 3-14 是与图 3-13 同构的 J 型图，其中从顶点 A 出

发和顶点 C 出发得到的结果是一样的。在未做特别申明的情况下，通常默认以载体作为出发点来绘制 J 型图。

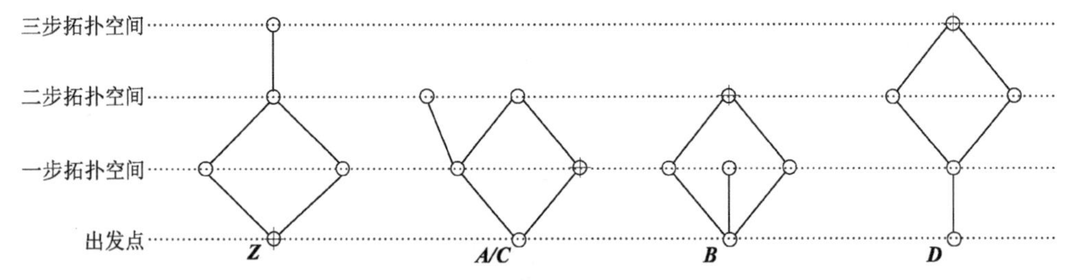

图 3-14 从不同顶点出发的 J 型图

3.3.2 设计导向下 M 型图的修正优化手段

本质上，空间句法侧重于空间社会学和空间人类学的研究，即以空间样本为输入端，经过一系列包括系统离散、J 图构建、量值运算等中间层的处理分析，反馈的结果通常是与人的行为有关的社会行为逻辑。在建筑学的范畴下，空间句法的应用长期以来被限制在使用后评估与社会调查等较为狭窄的领域。究其原因，空间句法理论过分地强调了 J 型图的功用价值，虽然 20 世纪 90 年代后期添置了视线分析和人流分析等模块，但绝大部分的指标都是基于 J 型图构建的。根据上一节的推演，J 型图是在 M 型图的基础上剥除与形态关联的属性而得到的，缺失形态和向度势必导致其与建筑设计的脱节和疏离，而 M 型图又因易变性强的性征难以成为理论解析和模式考察的对象。鉴于这一困境，有必要针对 M 型图作一定的修正以达到三个目标：①使其能够尽可能地传递与形态相关的更多信息；②需要对其进行标准化的变换处理以配合横向的比较研究；③增进图的可读性和理解性。

对于第一个目标，Steadman 早在 20 世纪 70 年代就引入使用的邻接图(adjacency graph)为我们提供了启示，在图 3-1 中他正是利用这种邻接图揭示了赖特三个小住宅平面具有共同的配置模式。邻接图的连线表示了所有空间单元间的相邻关系，在平面形态的再现上显示出充分的优越性，同时密集的关联网络赋予了邻接图较强的结构稳定性。图 3-15 是 Steadman 对英国最低标准(minimum-standard)台地式住宅研究中的一幅邻接图，图中不仅表达了内部空间的邻接，还表达了与东南西北四个基准方位的邻接[32]。

尽管邻接图在还原平面形态层面具备优势，但同时也是一把双刃剑。原因在于，邻接和联通存在本质差异，而联通状态是邻接状态的子集，邻接图未对这

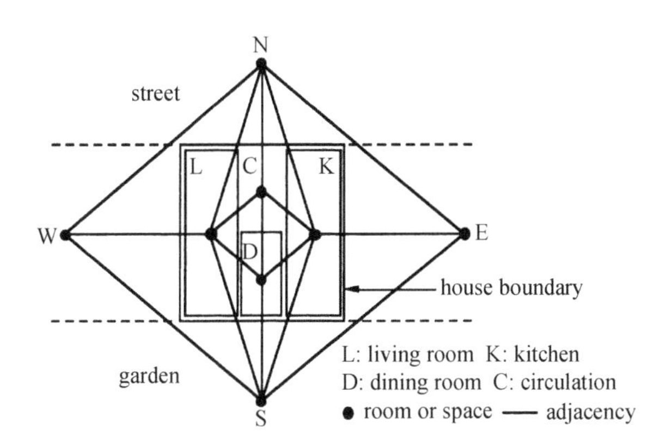

图 3-15 英国最低标准台地式住宅邻接图

来源：STEADMAN P. The Automatic Generation of Minimum-standard House Plans[M]. New York：Cambridge University Press，1970：12.

两种状态做出有效的区分。与之相反，上一节的 M 型图只表达了联通关系而未表达邻接关系。因此，本书的研究中采取的第一个操作简单且卓有成效的改进就是在原来 M 型图的基础上，添加虚线示意单元的邻接关系。这样一来，空间单元相互之间拥有更密致的联系，发生相对位置变动时受到的阻抗性显著上升。同时增加一条绝对方位恒定的规约，以略去 Steadman 冗余的方位点附着。

对于第二、三个目标，现以深圳万科第五园 A 户型一层平面为例加以实证说明。按照前述 M 型图的绘制规则，将顶点圆圈置于空间单元几何中心的位置（实心圆圈为院落、采光井、阳台等外部空间），实线代表联通关系，虚线代表邻接关系，绘出如图 3-16(a)所示 M 型图。它的缺陷有：①整体图形不规则，外轮廓界面不清晰；②单元间的相对位置有的松散，有的集聚，分布不均衡；③受制于局部单元特定形态、位置的控束，图形的弹变性较低。综上，采用二步变换法对初始的 M 型图做修正优化：

步骤一：因为通常情况下住宅空间的外轮廓较为规整，于是将所有贴近外轮廓的空间单元的顶点圆圈都扩散至外轮廓界面上。其中位于角部的单元顶点直接移至角点，位于中间单元顶点移至各自中点，所有单元的连线组织维持不变。处理后的结果见图 3-16(b)。

步骤二：设定二维空间栅格，以四个角点（Ba、Se、Y_f、L）和中心点 C 作为参照格点植入栅格，其余各点遵循相邻位置均匀化地摆置到参照格点的 Moore 型邻域（上、下、左、右、左上、右上、左下、右下）。当 Moore 型邻域无法满足数量要求时，则细分在一级栅格下增设二级栅格（以中点为均分依据）。处理后的结

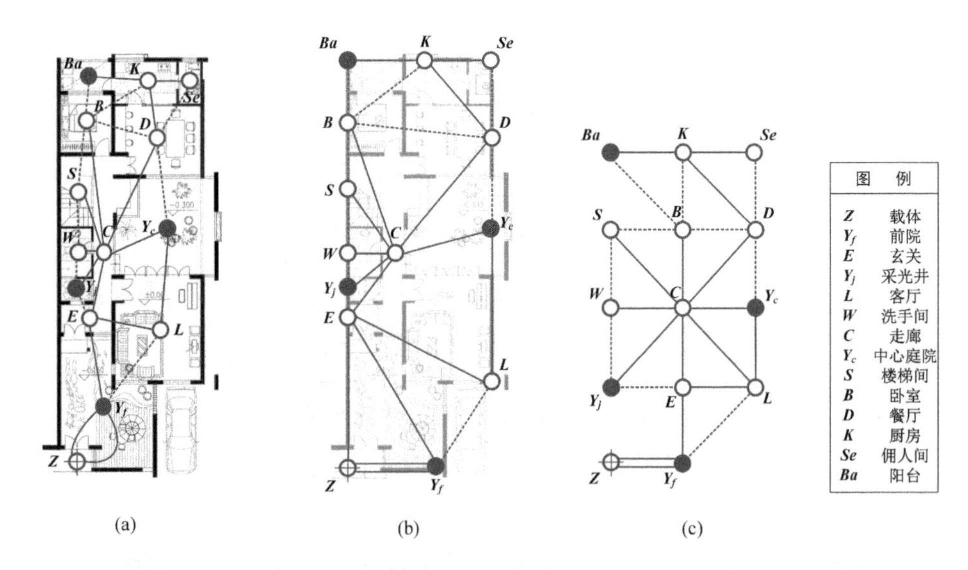

图 3-16 M型图修正优化的实例探证(以深圳万科第五园住宅户型为例)

果见图 3-16(c)。

显而易见，经过二步变换后的 M 型图相较初始状态更具类型学意义上的普遍性，它有效地消除了个体样本烦琐的表观实态，却依然存储了平面中大部分的形态信息。由于能够实现较大的兼容性和覆盖性，适宜于在大量样本的横向对比中应用。经过修正后的 M 型图在本书的研究中占据着不可或缺的地位，是 J 型图的重要补充，以期拢合具象形态和抽象组构的间隙，使空间句法的解析成果能依托 M 型图的中介为建筑师做设计提供相应的辅助支持。

3.3.3 邻接矩阵输入的 J 型图自动生成技术

J 型图以直观、可视的方式揭示了空间的组构规律，是空间句法几乎所有的量值指标的匡算基础，因而在建筑空间分析领域起着至关重要的作用。虽然伦敦大学为空间句法开发的 Depthmap 软件能够读取 dfx 格式封装的凸空间数据，并基于手工设定的连接关系进行空间单元的整合度等量值计算，但是并不能够输出相应的 J 型图，并且无法计算环圈度等与组构形态关联的指标。所以自希利尔、汉森 20 世纪 80 年代的奠基性研究伊始，一直到如今每年定期举办的国际空间句法研讨会(International Space Syntax Symposium)出版的研究成果，但凡涉及建筑空间研究领域的，都要依凭大量翔实的 J 型图来直观反映建筑空间的组构形态，同时作为后续指标量算的依据和支撑(图 3-17)。对于那些缺失J型图而只呈现数据和统计图表的研究，读者往往无法在短时间内将数据与具象的平面图适配起来，对不同空间单元的涨落也无法形成形象的预判。

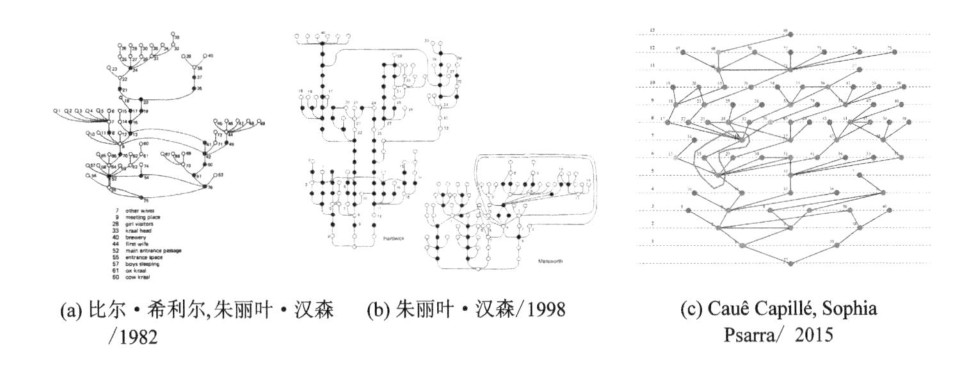

(a) 比尔・希利尔，朱丽叶・汉森/1982　(b) 朱丽叶・汉森/1998　(c) Cauê Capillé, Sophia Psarra/ 2015

图 3-17　不同时期建筑空间研究的J型图示例

来源：① HILLIER B, HANSON J. The Social Logic of Space［M］. New York：Cambridge University Press，1984：165.

② HANSON J. Decoding Homes and Houses［M］. Cambridge：Cambridge University Press，1998：170.

③ Cauê Capillé，Psarra S. Disciplined informality：Assembling unprogrammed spatial practices in three public libraries in Medellín［C］// International Space Syntax Symposium，2015.

前文图 3-2 通过仅含四个空间单元的设想案例论及了J型图绘制的一般性法则，尽管规则看似容易，但是面对真实案例下错综复杂的空间组织，准确且快速地绘制J型图绝非易事。传统的手工办法是先找到外部载体，再模拟人在平面中的行进线路，按图索骥地逐层绘出单元顶点及其连接，一直抵达最深处的空间为止。经大量试验，这种办法适用于空间总数较少或连接关系始终呈单路径递进的空间系统，随着单元数目的增加和组织结构趋于交叉化、复杂化，手工识别出各单元正确的拓扑步数则会变得越来越困难，而且连线相交和序位错置的舛误也频频出现，时常要耗费大量的时间在更调纠偏上。截至目前，还尚未发现专门针对J型图的绘制手段做出有效改进的研究或开发，为此，本书提出一种基于邻接矩阵输入和网络分析工具处理的J型图自动生成技术，以克服传统手工方法难度大、费时多、错误率高等缺陷。

试以图 3-18 浙江缙云河阳某民居为例展开说明，该民居东、南、西侧共有五处通向外部的开口，属于江浙地区典型的“多门闼式”住宅。对应到J型图上意味着从同一个载体出发，可以由五条并行的连线分别通向内部相同位置的空

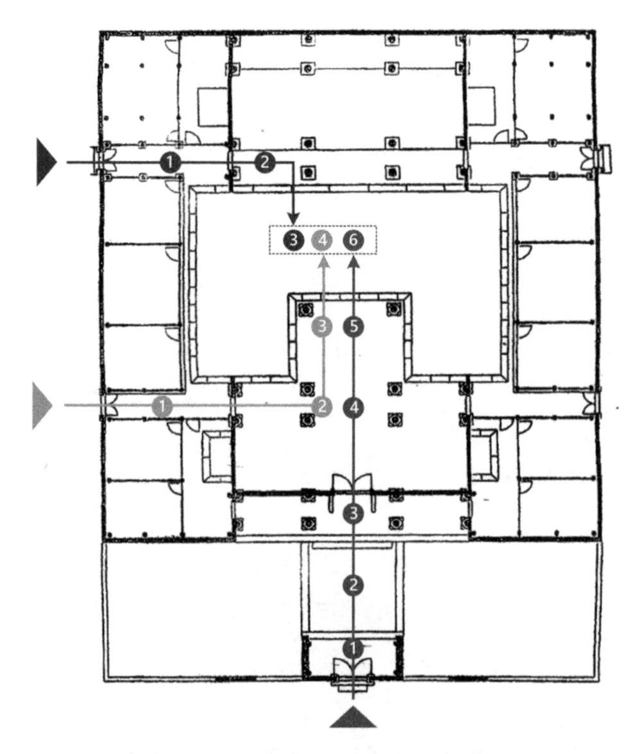

图 3-18 浙江缙云河阳某宅 J 型图绘制的互悖点分析

来源：中华人民共和国住房和城乡建设部.中国传统建筑解析与传承：浙江卷[M].北京：中国建筑工业出版社，2016：78.

间单元。现在只考虑中心合院的深度，如果从南面的门进入开始计算是六步（门楼→前院→廊→正厅→廊→合院），如果从靠近南侧的东西面两个侧门开始计算则是四步（过厅→正厅→廊→合院），而如果从靠近北侧的东西面两个侧门开始计算则变为三步（过厅→廊→合院）。原则上，当同一空间在同一系统不同的路径下出现多个步数时，应取最小者，这意味着其余路径势必出现扭转并与之成环。在实际的操作中需要经常衡量相同空间在多路径下的步数大小，交替地运用正向和逆向的思维推导，给研究者带来了相当大的困难。读者可以先尝试着采用传统办法绘出该民居的 J 型图，试想这才是一个二进院的民居！

显然，在任意给定的平面图中很容易确定的是两两空间单元的联通关系，我们设想一种程序化的解决方案，输入的是该平面中所有单元的两两连接信息，经由中间层的处理，输出的就是最终需要绘制的组构图。需要攻克的难点有两个：其一是两个空间的连接如何能编译成合理数据结构被计算机识别读取；其二是中间层的应该依赖于什么算法实现。

实际上，所有的"图"(包括J型图、M型图)在图论和计算机科学中都可以表达为邻接矩阵(adjacency matrix)的形式[9]。由此，想将一张包含 n 个单元的J型图的信息数据在计算机中储存以来，必须借由一个二维数组 A_{nn}，即行数与列数均为 n 的方形矩阵实现。设J型图 $G=(V, E)$ 是具有 n 个顶点的图，定义 G 的邻接矩阵 $\mathbf{A}(G)$ 是具有如下性质的 n 阶方阵：

$$A_{i,j}=\begin{cases}1, \text{若}(V_i, V_j)\text{ 是 }E(G)\text{ 中的边}\\0, \text{若}(V_i, V_j)\text{ 不是 }E(G)\text{ 中的边}\end{cases}$$

因为建筑中两个空间的连接总是双向相互的，表明J型图是无向图，即 (V_i, V_j) 与 (V_j, V_i) 描述是同一条边，所以等式 $A_{i,j}=A_{j,i}$ 恒成立。在线性代数中，把具有这一性质的方阵称为对称矩阵(symmetric matrix)，它的元素以主对角线为对称轴对应相等，并且满足 $A^{\mathrm{T}}=A$。综上，任意建筑的J型图都可以表示为一个对角元均为0的对称矩阵。仍以本节开头(图3-13、图3-14)中 $n=5$ 的简单情形为例，根据上述规则，转译结果为：

$$\begin{matrix} & Z & A & B & C & D \\ Z \\ A \\ B \\ C \\ D \end{matrix}\begin{bmatrix} 0 & 1 & 0 & 1 & 0 \\ 1 & 0 & 1 & 0 & 0 \\ 0 & 1 & 0 & 1 & 1 \\ 1 & 0 & 1 & 0 & 0 \\ 0 & 0 & 1 & 0 & 0 \end{bmatrix}$$。

对于图3-18等较为庞杂的民居平面，只需要在依次序编号的基础上建立 n 阶方阵，首先将对角元全部填充零，再根据两两空间单元的联通关系确定矩阵的下三角部分为1的元素，其余填充零，最后整体转置就得到了完整的邻接矩阵如图3-19所示。

$$\begin{matrix} & Z & QT & Y1 & Y3 & \cdots & T2 & L3 \\ Z \\ QT \\ Y1 \\ Y3 \\ \vdots \\ T2 \\ L3 \end{matrix}\begin{bmatrix} 0 & 1 & 0 & 0 & \cdots & 0 & 0 \\ 1 & 0 & 1 & 0 & \cdots & 0 & 0 \\ 0 & 1 & 0 & 0 & \cdots & 0 & 0 \\ 0 & 0 & 0 & 0 & \cdots & 0 & 1 \\ \vdots & \vdots & \vdots & \vdots & \cdots & 0 & 0 \\ 0 & 0 & 0 & 0 & 0 & 0 & 1 \\ 0 & 0 & 0 & 1 & 0 & 1 & 0 \end{bmatrix}$$

图3-19 浙江缙云河阳某宅的邻接矩阵

邻接矩阵的录入可以直接在社会网络分析工具(Ucinet)中的数据表编辑器中(matrix spreadsheet)进行，它可以自动地对数据进行对称化转置处理，当然也支持从Excel中直接导入邻接矩阵。矩阵录入完成后保存为Ucinet数据集格式(.＃＃h，＃＃.d)。在Ucinet可视操作子菜单栏(Visualize)中打开内部集成的Netdraw模块，加载之前储存的邻接矩阵数据集，并转存能够为Pajek软件识别的.net格式。Pajek是分析和仿真复杂网络的重要软件，它集成了一系列快速有效的算法用于分析网络的拓扑结构并且为用户提供了可视化的操作界面，目前Pajek模块已经被嵌合在Ucinet的Visualize菜单栏下。我们现在需要用它来实现J型图的最终输出，操作如下：

打开Pajek主窗口界面，在菜单栏中选择File(文件)＞Network(网络)＞Read(读取)，或者直接在窗口界面的左侧单击Network栏中最左侧的打开按钮读取之前由Netdraw导出的.net文件，报告窗口显示"Working ...115 lines read. Time spent：0：00：00"，表明该邻接矩阵数据已经成功加载。单击Network栏最右侧的Draw Network按钮打开可视化窗口成图，默认状态下Pajek采用环形算法(circular)成图显示，见图3-20。

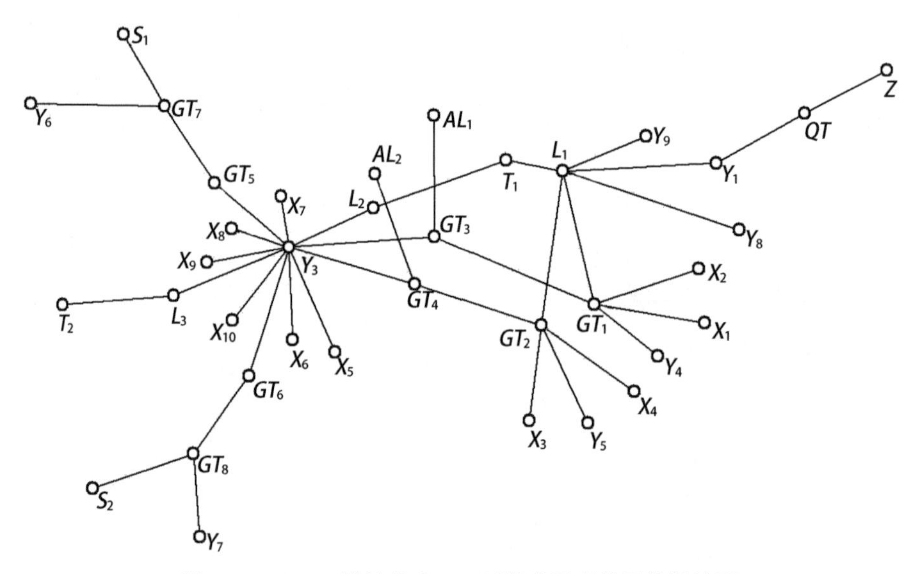

图3-20 Pajek默认状态下环形算法呈现的网络链接图

在无向网络中两个顶点的距离，即两点之间最短路径所含的连线数，就是J型图中定义的步数。Pajek提供了计算某个顶点至其余所有顶点的距离命令，使用Network＞Create Partition＞*k*-Neighbours子菜单栏指令，程序会要求输入(Input)选定顶点(Selected Vertices)和最大距离(Maximum Distance)。选定顶点的默认值是 1，也就是邻接矩阵中第一行(列)的顶点，如果在录入矩阵时我们将此位置留给载体的话保持默认即可；最大距离是用户指定给程序运算的限定值，在做建筑空间分析时无须限定，保持默认值 0(无限)即可。确定后 Pajek 会在第二行自动生成一个后缀名为.clu 的分区(partition)文件，单击左侧的查看(View)工具，该文件实质上是以三列显示的数据表单，第一列为顶点的数字编号，第三列为顶点的录入标签，第二列的数值表示该点与选定顶点的距离，即 J 型图中的距离载体的拓扑步数。接着单击 Draw＞Network＋ First Partition 子菜单命令，生成叠合分区的可视图形，然后在图形界面中进行 Layers＞In y Direction 和 Options＞Transforms＞Reflect y axis 两个子菜单命令的操作，输出的结果已经非常接近我们需要的 J 型图了。

美中不足的是自动生成的 J 型图线条会出现交叉，Pajek 提供了可交互操作的移动更改功能，单击 Move＞Fix＞ y，在拓扑行位置固定的情况下拖动顶点进行调试即可，直到线段不出现交叉或交叉数目最少为止。最终在 Export＞Options 子菜单中设定图像输出选项(字体、线型等)，输出 eps 后在 Illustrator 中修饰交叉线段表示(使用拱形非交叉符号或改成绕行曲线)结果如图 3-21 所示。

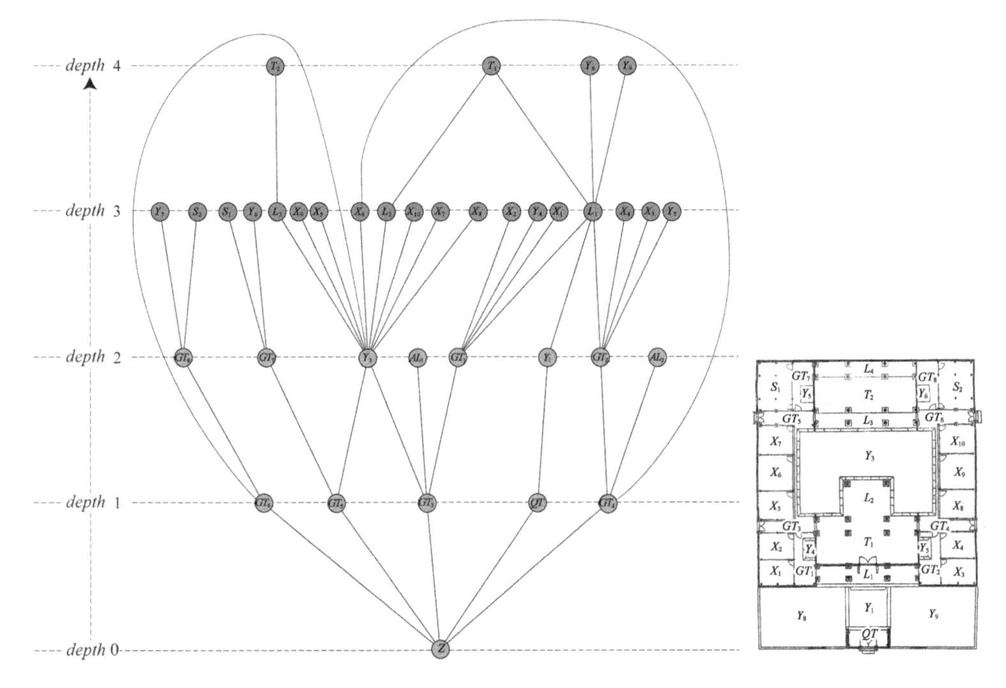

图 3-21 Pajek 基于邻接矩阵自动生成的 J 型图(左)建筑平面编号图(右)

3.4 空间量化的指标构建和计算方法

为了纵向和横向比较传统民居和现代中式住宅在深层次组构层面的空间差异，需要构建合理有效的指标测度体系，它不仅是空间组构进行量化匡算的内在依据，还会直接影响到分析结论的导向性。本书以指标参量的针对性、可比性、易获得性和独立性为原则，综合空间句法在建筑分析中尚已成熟定义的经验型指标以及能有效反映传统民居空间中式特质的试验型指标，最终确立了基于五个不同考察视角的评价指标体系，它们都消除了规模的影响。

3.4.1 院落耦合度(yard coupling)

院落(天井)是江浙民居在空间组织上最为显著的特征。诚然，我们可以用院落的有无(二分类指标)或者院落的数目、尺度等物理属性的指标加以衡量，显而易见前者过于粗犷(可见所有样本可能都有院落)而后者太过具体琐细(古今住宅的规模差异巨大)，都不适宜于样本间标准化的比较。于是只能诉诸作为外部空间的院落与作为内部的室内空间在组构层面的交互性，尝试在M型图上建立刻画其交互程度的试验性指标，将其定义为“院落耦合度”(yard coupling)，计算方法如下：

$$Y_c = \frac{s + 0.25v - 0.5r + 0.5k}{S} \tag{3-1}$$

式中，s 为所有室内单元与院落单元(实心圆圈)实线连接(可达)的连杆数目；r 为所有室内单元与院落单元虚线连接(相邻且不可达)的连杆数目；k 为反馈到平面图中虽相邻但无开窗(不可视)的所有连杆数目(r 中包含了 k，因此需要减去)；v 表示房间和院落之间隔着廊子而不直接相邻，却能透过窗扇看到院落的连接，直观说明见表3-1；S 为M型图中所有实线连杆(边)的总数。

换而言之，把所有与院落实际贯通连接(m)的系数设定成1，所有与院落仅在视线上联通的连接($r-k$)的系数设定成0.5，两者加权后的连接数相加与空间系统内所有连接总数的比值(N)即为院落耦合度。耦合度越大，内外空间单元的交互越密切；耦合度越小，内外空间单元的关系越疏离。由于Y_c是集中在[0, 0.5]之间的比值数据，为了有效地消除后续统计分析中序列异方变化差异性的影响，同时保留数据的变化趋势，本书对式(3-1)得到的结果作反正弦平方根变化：

表 3-1 院落耦合度表达式变量赋值规则说明

变量	s	r	k	v
J 型图	 Y	 Y		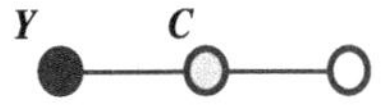 Y C
平面示意图	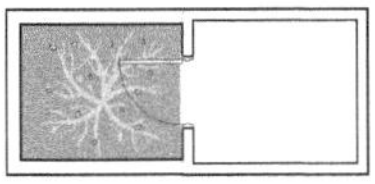	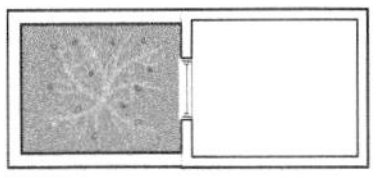	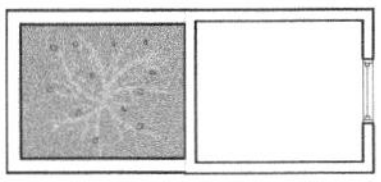	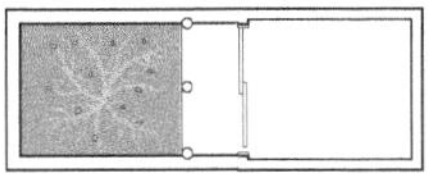
加权系数	1	0.5	0	0.25

$$Y_c^* = \arcsin(\sqrt{Y_c}) \tag{3-2}$$

3.4.2 标准深度比(standard depth ratio)

拓扑深度的定义在前文解释J型图已经部分地引入了，在通常情况下指两个空间单元的距离。可以把某个空间单元到载体的距离定义为“载体深度”，用来表征一个空间系统的序列性(sequencing)强弱。当系统内空间单元普遍较深时，其拓扑图形越接近树型(tree topology)，空间的控制性和限定性较强。最极端的情况下，n 个空间单元能够形成最大载体深度为 $n-1$ 的非平衡树(无子树)结构，在实际案例中恐怕只有序列性极强的墓穴空间可能出现。相反的，当系统内空间单元普遍较浅时，其拓扑图形越接近丛型(bush topology)，空间开放性、准入性较强。

载体平均深度(carrier mean depth)是研究空间拓扑形态中广泛应用的一项评估指标，计算方法如下：

$$MD_Z = \frac{1}{n-1}\sum_{i=1}^{n} d_i \tag{3-3}$$

式中，d_i 为第 i 个单元距离载体的深度，n 为单元总数。$n-1$ 的目的是把载体自身从总数中除去。对于一个含有 $n(n \geqslant 2)$ 个单元的空间系统而言，理论上的最大平均深度为 $MD_{max} = \frac{n(n-1)}{2(n-1)} = \frac{n}{2}$，理论上最小平均深度为 $MD_{min} = \frac{(n-1)}{(n-1)} = 1$，为跨越不同规模的系统进行比较，取 2 倍的 MD_Z 与 MD_{max} 加上 MD_{min} 的和的比值，记作标准深度比 S，同样作反正弦平方根变化，变换后的表达式如下：

$$S^* = \arcsin\left(\sqrt{\frac{2MD_Z}{MD_{\max} + MD_{\min}}}\right) \tag{3-4}$$

3.4.3 全局整合度(global integration value)

“整合度”(integration，又称 real relative depth/asymmetry 或 RRA)是希利尔在 1982 年所创制的用以测量整个空间系统联系紧密程度的关键性指标，直至今天已经成为空间句法在各个尺度层面的测度分析中使用频率最高的指标，其合理性也受到了众多实证研究成果的支持。整合度是以空间系统中某一个单元为对象展开的，在进行整合度的计算前，首先需要求得该单元在系统当中的平均深度(mean depth)，平均深度是对上一节载体平均深度概念的推广：平均深度以任意某个空间单元 i 作为起始点，计算从它出发到系统内所有其余单元的平均距离，记作MD_i，计算方法同式(3-3)。希利尔先定义了“相对不对称性”(relative depth)的概念，目前在国内针对这一概念还没有较完善的解释和推导，其实它表示的是单元 i 在总数量为 n 的系统中平均深度达到的相对水平，推导如下：

$$RA_i = \frac{MD_i - MD_{\min}}{MD_{\max} - MD_{\min}} = \frac{2(MD_i - 1)}{n - 2} \tag{3-5}$$

为了进一步消除数量 n 的大小带来的差异，以实现不同系统规模之间的横向比较，需要将 RA 值除以数量同样为 n 的钻石模型(diamond-shaped pattern)的 RA 值进行标准化处理。钻石型拓扑结构是一种理想状态的拓扑，在该结构中，不论以哪个元素为中心，进行空间重映射后所得到的拓扑结构都是一样的(所有单元的 RA 值都相同)。数量为 n 的钻石模型的 RA 值可以采用式(3-6)计算，也可以直接查阅希利尔和汉森在《空间的社会逻辑》书中给出的标准取值表[33]。

$$D_k = 2\,\frac{\left(n\log_2\left(\frac{n}{3}\right) - 1\right) + 1}{(n-1)(n-2)} \tag{3-6}$$

综合式(3-5)和式(3-6)，易求得单元 i 的真实相对不对称性就是：

$$RRA_i = \frac{RA_i}{D_k} \tag{3-7}$$

真实相对不对称性命名上并不直观，这一指标实际上衡量的是对象单元 i 在空间系统中的集成性能，也可以理解为相对全局的可达性能，因此直接用“整合度”指代。由式(3-5)可知它与平均深度的取值呈正相关，与预期相悖，于是

取单元 i 的真实相对不对称性的倒数处理得到整合度的表达式：

$$INT_i = \frac{1}{RRA_i} \tag{3-8}$$

对于一个空间系统而言，全局整合度就是该系统内所有空间单元整合度的平均值，表达式如下：

$$\overline{INT} = \frac{1}{\overline{RRA}} \tag{3-9}$$

显而易见，复杂系统整合度的计算量巨大且异常烦琐，手算几乎是不可能实现的，这项指标运算通常都要依靠 Depthmap 软件完成。

3.4.4 环圈度(ringiness)

环圈度是基于 J 型图测度空间回游性能的一项指标，对应图论中回路(circle)的概念。回路是指从一个节点出发到相同节点的，且不会经过重复线和节点的闭合路径。在建筑中这一概念恰好和中国传统园林、住宅设计中的回游空间相应，因而利用环圈度对其予以量化描述。计数一个复杂空间系统内所有可能的回路并不容易，需要专门编程才能实现，所以我们将其简化为计数基本回路(fundamental circle)的问题。基本回路是不包罗子回路的回路，对于有 n 个单元的空间系统，其基本回路总数的最大值为$R_{n(\max)} = 2n - 5$(三个顶点至多组成三角形一个回路，在三角形内部增加一个点就是四个顶点能组成的最多基本回路的情形，以此类推)。由此，环圈度的计算方法为：

$$R = \frac{I}{2n - 5} \tag{3-10}$$

式中，I 为对象系统内基本回路的总数，同样的，需要对式(3-10)得到的结果作反正弦平方根变化，变换后的表达式如下：

$$R^* = \arcsin(\sqrt{R}) \tag{3-11}$$

环圈度越大，空间回游性越强，空间层次相应更加丰富，空间感也会扩大；环圈度越小，空间回游性越弱，空间体验相对单调、呆滞。

3.4.5 链接度(connectivity)

住宅的空间按照组织的方式可以划分为通用性的交通空间和专用性的功能空间两个类别。交通空间主要包括廊道、过道、过厅、楼梯间等，作为建筑空间系统的骨架要素，它对拓扑的结构形态起着决定性的作用。可以借助整合度来定量判别交通空间在系统中的组织效能，并将这一数值定义为一项试验性指标——“链接度”，其计算公式如下：

$$C=\frac{\overline{INT_t}}{\overline{INT}} \tag{3-12}$$

式中，$\overline{INT}$为对象系统的全局整合度；$\overline{INT_t}$为该系统内所有交通空间整合度的均值。链接度是比例数据，与交通空间的组织强度呈正相关。

3.5 若干典型样例的选取和量值计算

3.5.1 样本选取和拓扑图绘制

试验样本的择取需要统筹考虑历时跨度的全面性、地域覆盖的全面性和特征显现的典型性三重原则，下面分现代中式住宅和江浙传统民居两个部分叙述：

(1) 现代中式住宅样本

现代中式住宅在地产界的突现到目前已经有十余年时间，前文已经说明，2004年和2015年是现代中式住宅发展轨迹中的两个关键节点。2004年在全国范围内掀起了中国风的地产热潮，先后有一批建筑师主动地探索中式在住宅风格中的表达运用，两三年内不断地推陈出新，出现了深圳万科第五园、上海九间堂等诸多精品项目。但随着房地产开发在随后十年趋向于白热化，中式住宅的手法不断僵化和形式化，缺乏创新和优化。在2015年前后房地产市场周转率逐渐放缓，在南方地区由绿城、融创等大型房产公司牵头，复兴了现代中式住宅的潮流，这一阶段开发的如桃花源、桃李春风等产品虽然在造型上更传统复古，但是正如我们在后文中将指出的——它们在户型空间的组织布局上隐含着较大的创新成分，并被现阶段现代中式住宅的设计者效仿。

为清晰地展现出现代中式住宅演变的轨迹，本部分主要依循时间线索，聚焦上述两个节点附近的典型样例，力求覆盖不同的尺度类型，最终整理、绘制、编号样本信息汇总至表3-2。除极个别情况外，研究选取的样例都是南方地区院落式住宅的首层平面。

表 3-2　现代中式住宅样本信息汇总一览表

<table>
<tr><td>样本编号</td><td>M-01</td><td rowspan="5">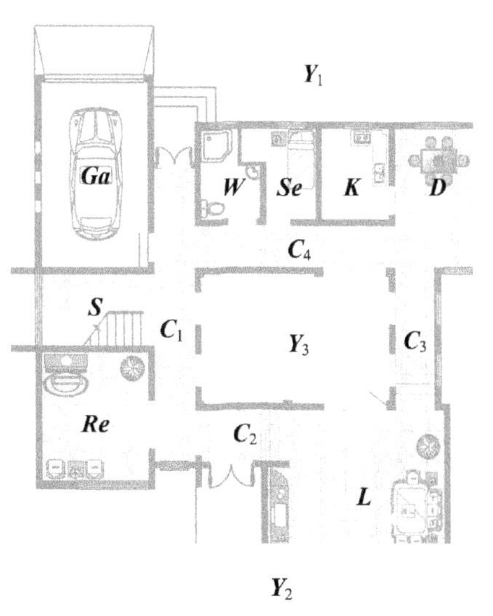</td></tr>
<tr><td>项目名称</td><td>云间水庄</td></tr>
<tr><td>建成年份</td><td>2004</td></tr>
<tr><td>项目地点</td><td>上海</td></tr>
<tr><td colspan="2"></td></tr>
<tr><td colspan="2">J 型图</td><td>M 型图</td></tr>
<tr><td colspan="2">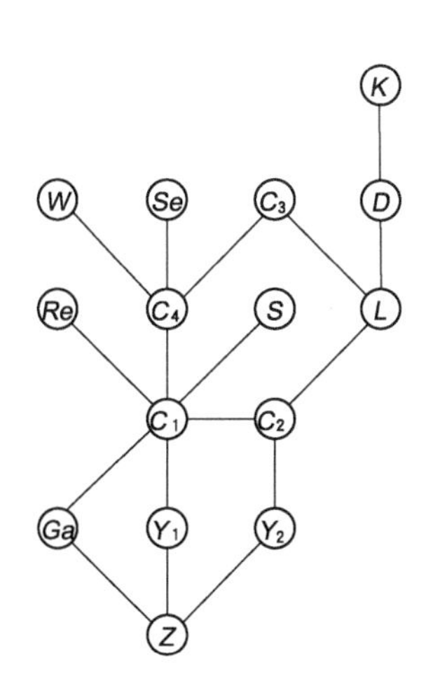</td><td>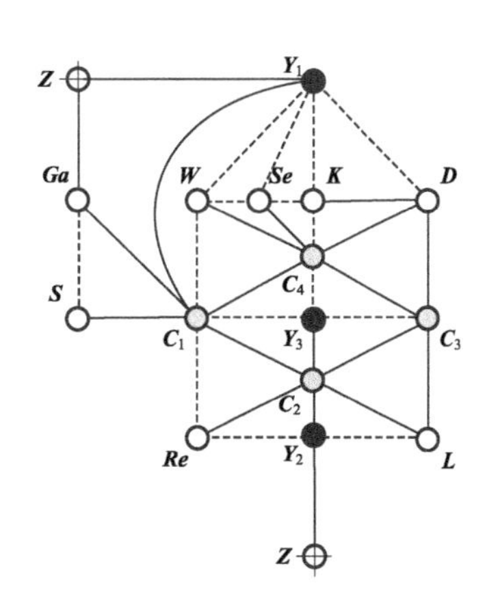</td></tr>
</table>

（续表）

样本编号	M－02
项目名称	庐师山庄
建成年份	2005
项目地点	北京

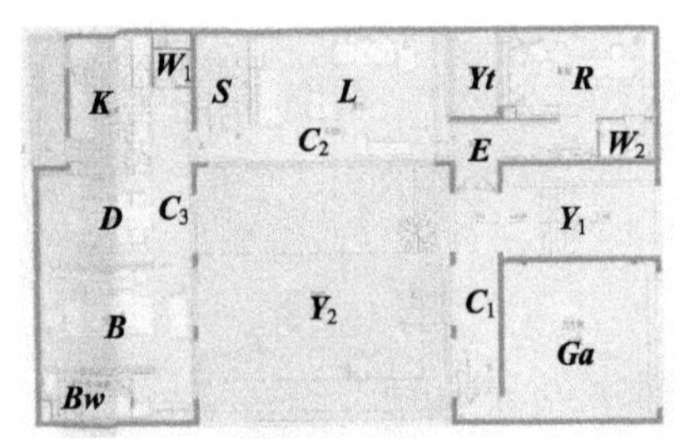

J 型图	M 型图
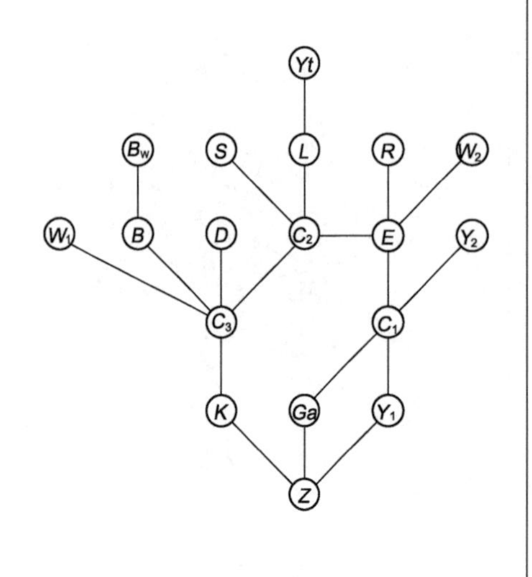	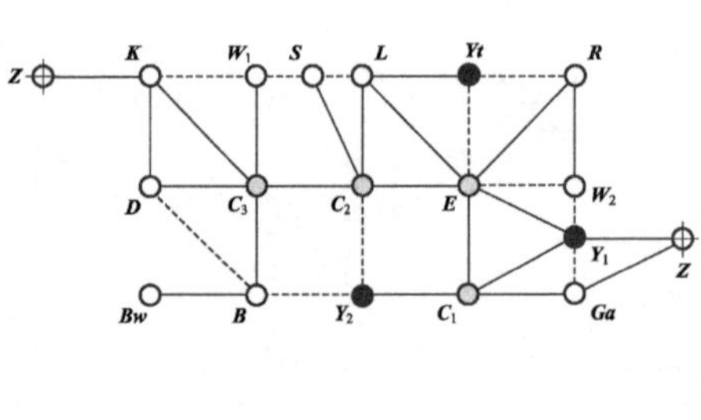

（续表）

样本编号	M－03a
项目名称	万科·第五园
建成年份	2006
项目地点	深圳

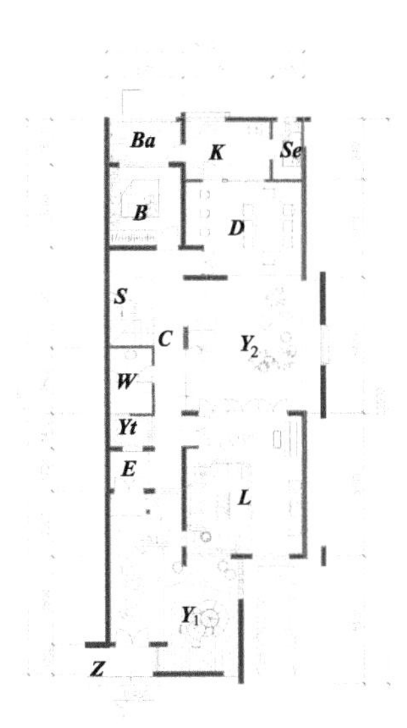

J 型图	M 型图

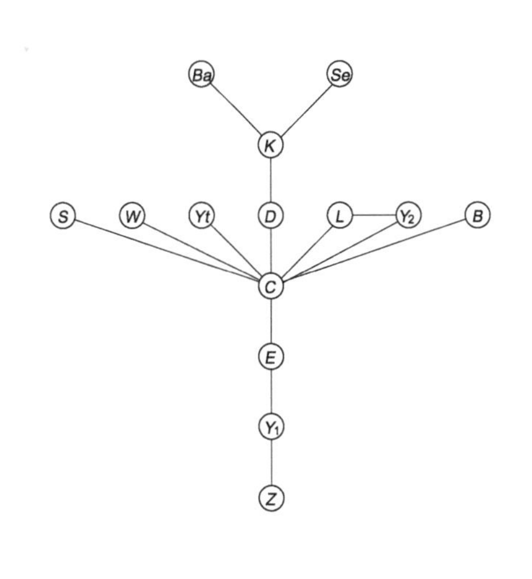

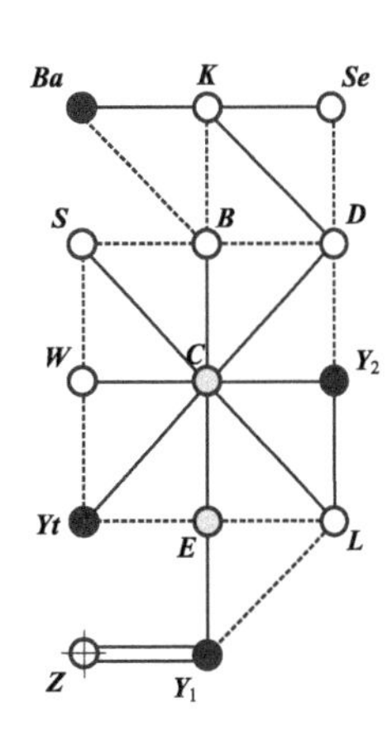

（续表）

样本编号	M－03b	
项目名称	万科·第五园	
建成年份	2006	
项目地点	深圳	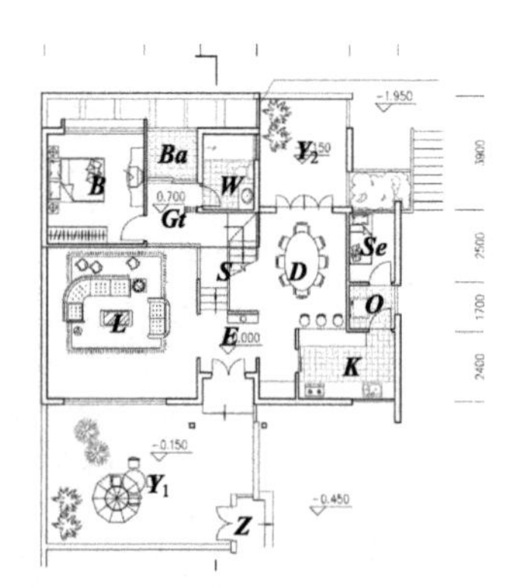

J型图		M型图
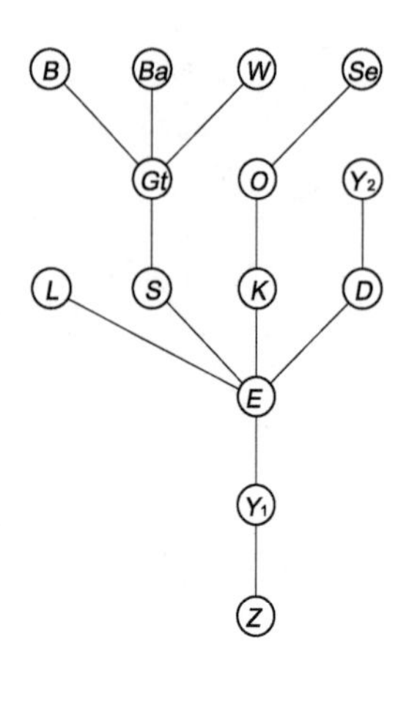		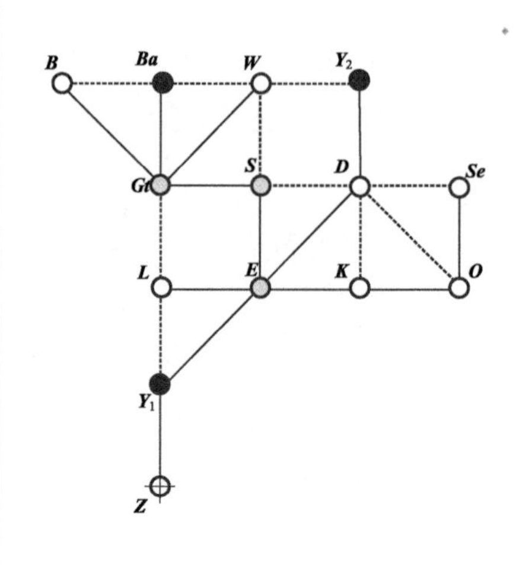

（续表）

<table>
<tr><td>样本编号</td><td>M－04</td><td rowspan="5">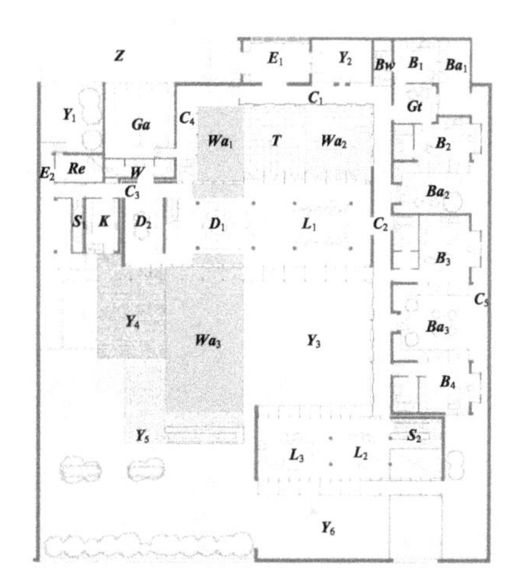</td></tr>
<tr><td>项目名称</td><td>九间堂</td></tr>
<tr><td>建成年份</td><td>2006</td></tr>
<tr><td>项目地点</td><td>上海</td></tr>
<tr><td colspan="2"></td></tr>
<tr><td colspan="2">J 型图</td><td>M 型图</td></tr>
<tr><td colspan="2">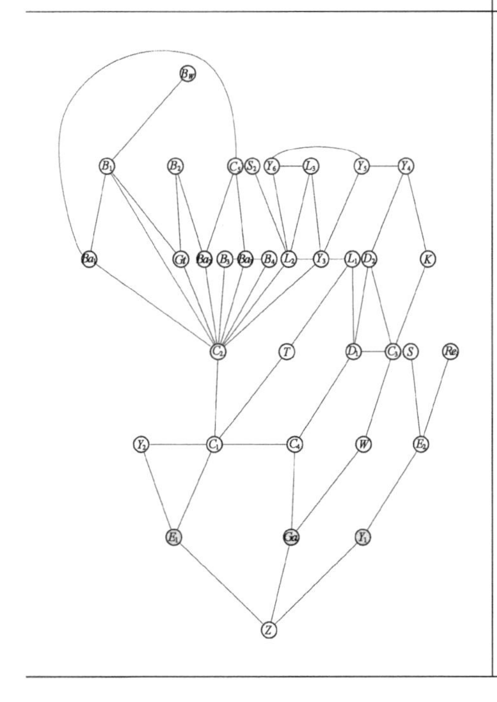</td><td>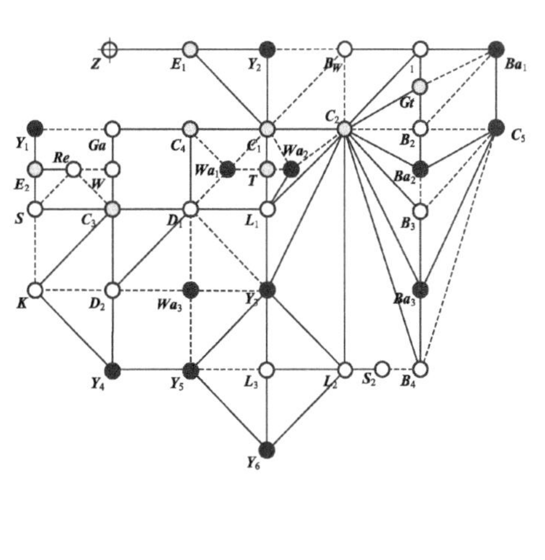</td></tr>
</table>

（续表）

样本编号	M－05	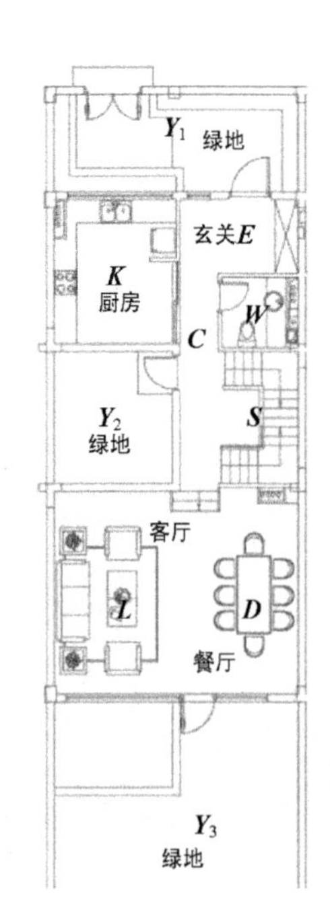
项目名称	万科・第五园	
建成年份	2011	
项目地点	上海	

J 型图		M 型图
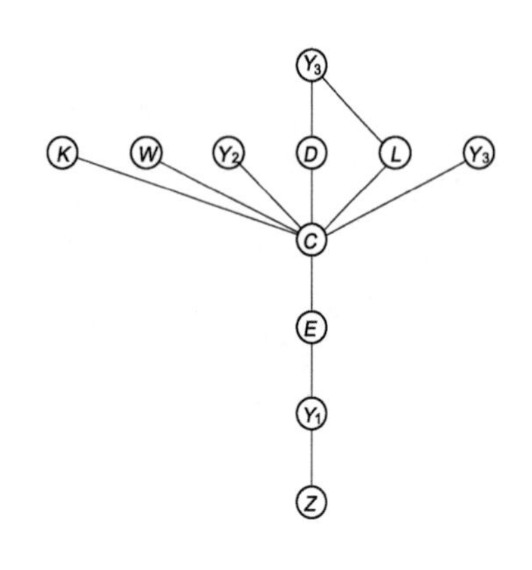		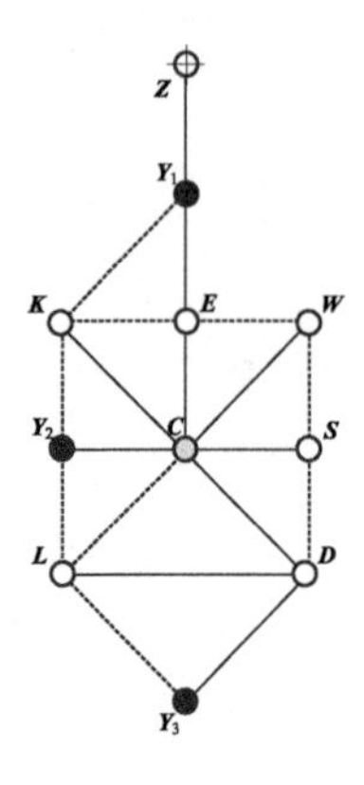

（续表）

样本编号	M-06a
项目名称	万科·金域华府
建成年份	2010
项目地点	深圳

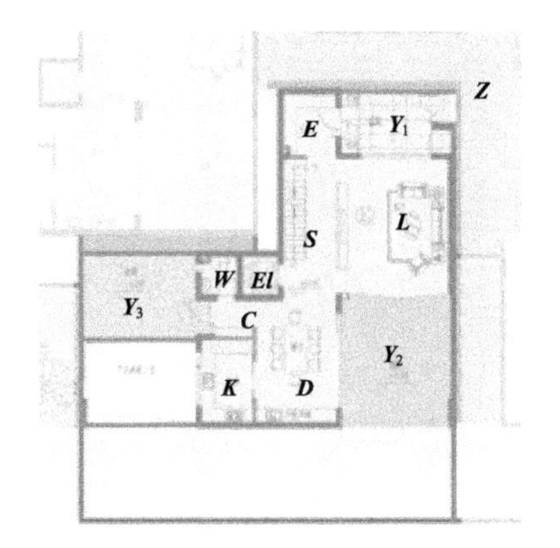

J 型图	M 型图

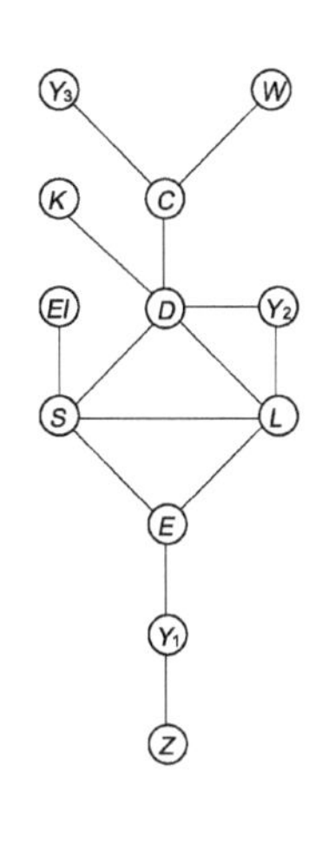

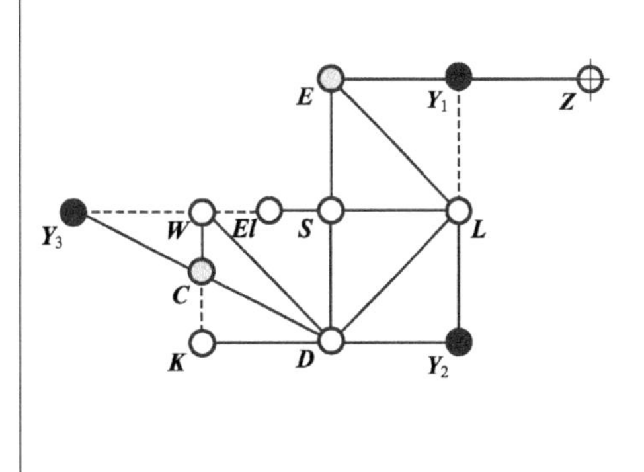

（续表）

<table>
<tr><td>样本编号</td><td>M－06b</td><td rowspan="5">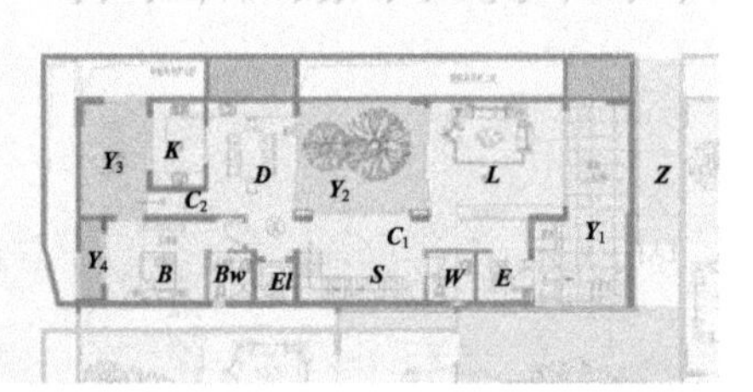
</td></tr>
<tr><td>项目名称</td><td>万科·金域华府</td></tr>
<tr><td>建成年份</td><td>2010</td></tr>
<tr><td>项目地点</td><td>深圳</td></tr>
<tr><td colspan="2"></td></tr>
<tr><td colspan="2">J 型图</td><td>M 型图</td></tr>
<tr><td colspan="2">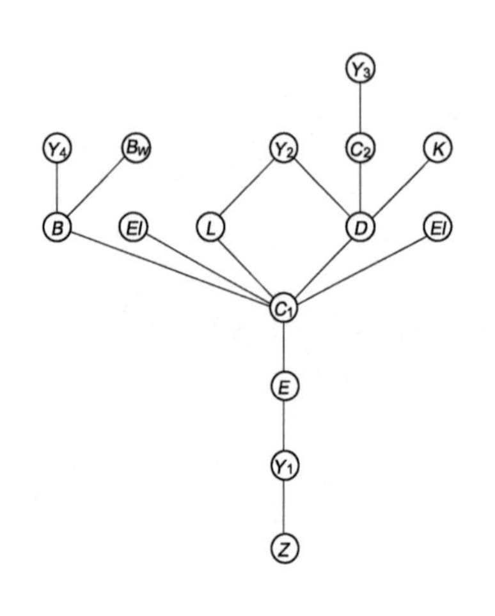
</td><td>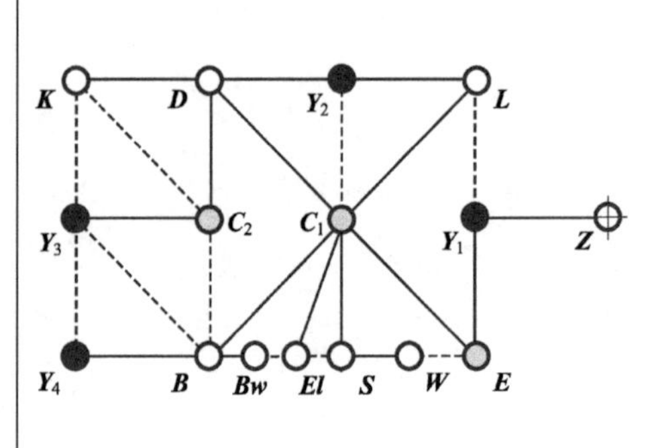
</td></tr>
</table>

（续表）

<table>
<tr><td>样本编号</td><td>M－07</td><td rowspan="5">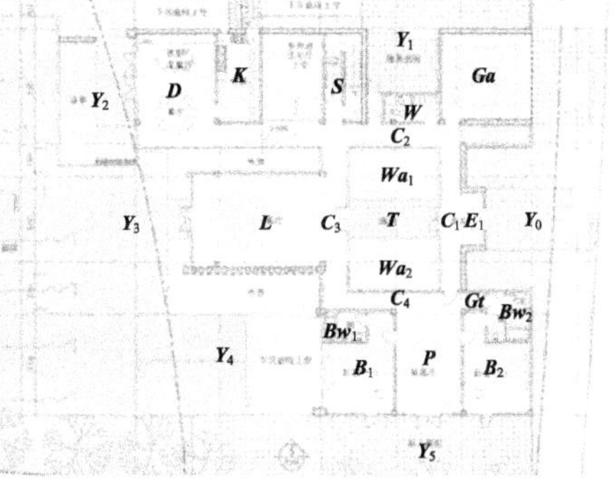
</td></tr>
<tr><td>项目名称</td><td>九间堂</td></tr>
<tr><td>建成年份</td><td>2014</td></tr>
<tr><td>项目地点</td><td>南京</td></tr>
<tr><td colspan="2"></td></tr>
<tr><td colspan="2">J 型图</td><td>M 型图</td></tr>
<tr><td colspan="2">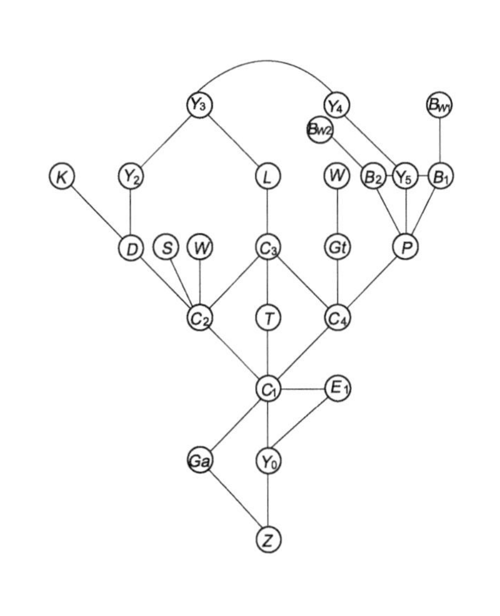
</td><td>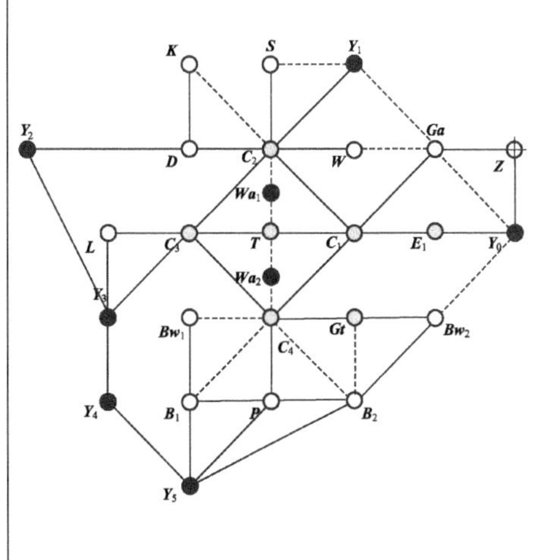
</td></tr>
</table>

（续表）

样本编号	M－08
项目名称	融创·桃花源
建成年份	2015
项目地点	苏州

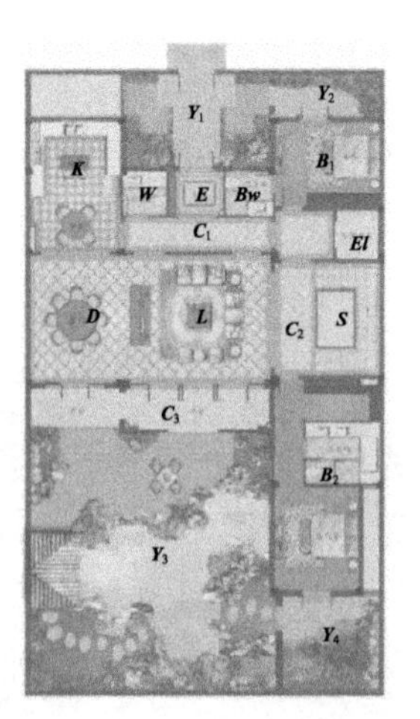

J 型图	M 型图
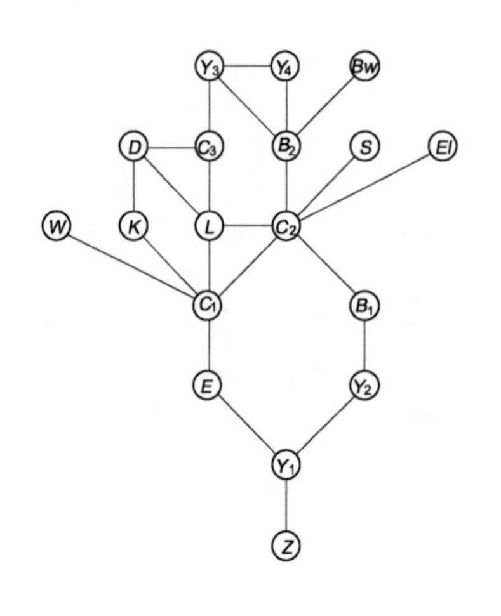	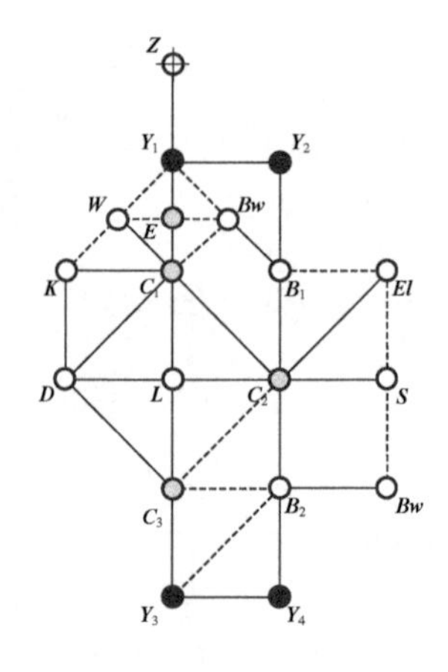

（续表）

<table>
<tr><td>样本编号</td><td>M－09a</td><td rowspan="5">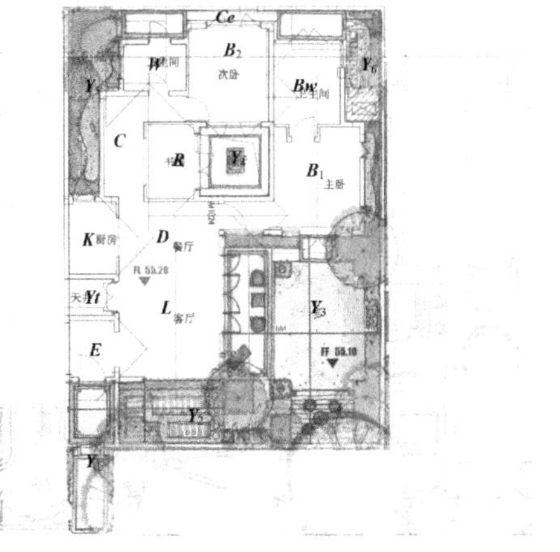
</td></tr>
<tr><td>项目名称</td><td>绿城·桃李春风</td></tr>
<tr><td>建成年份</td><td>2015</td></tr>
<tr><td>项目地点</td><td>杭州临安</td></tr>
<tr><td colspan="2"></td></tr>
<tr><td colspan="2">J 型图</td><td>M 型图</td></tr>
<tr><td colspan="2">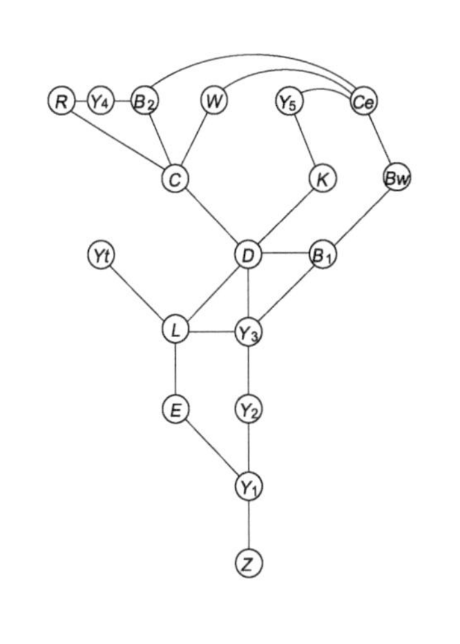
</td><td>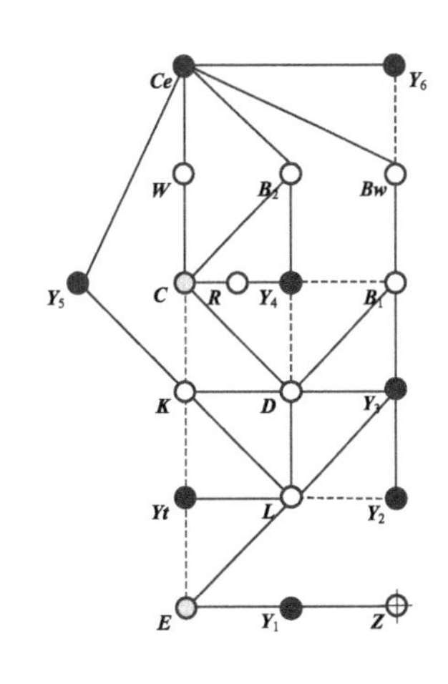
</td></tr>
</table>

（续表）

样本编号	M-09b
项目名称	绿城·桃李春风
建成年份	2015
项目地点	杭州临安

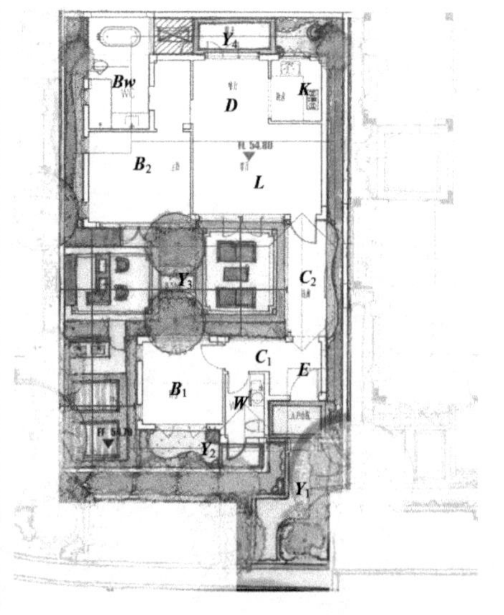

J 型图	M 型图
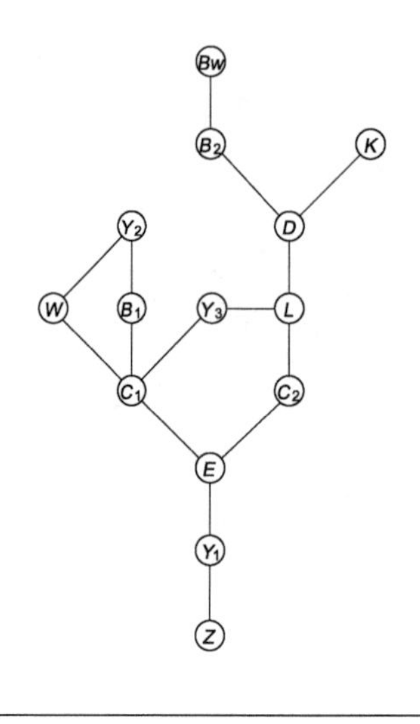	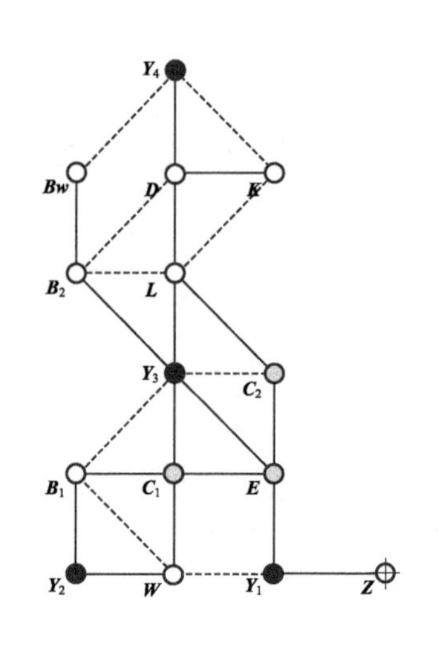

（续表）

样本编号	M－09c
项目名称	绿城·桃李春风
建成年份	2015
项目地点	杭州临安

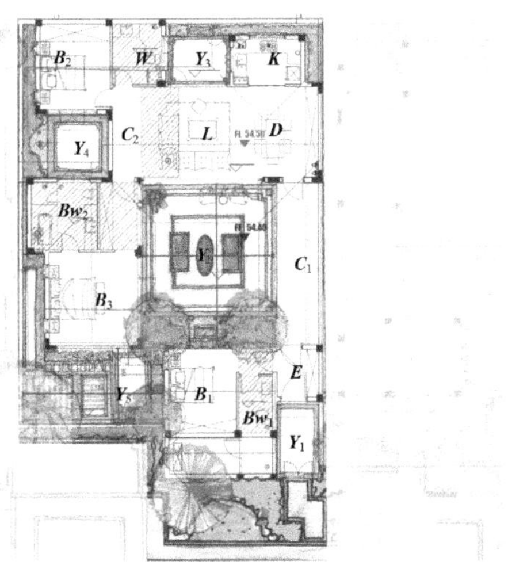

J 型图	M 型图

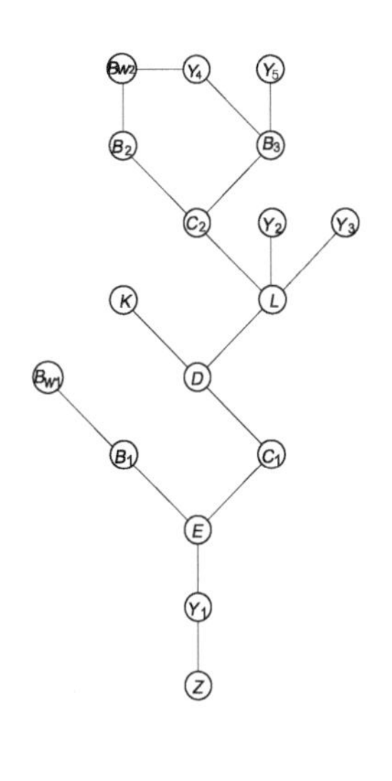

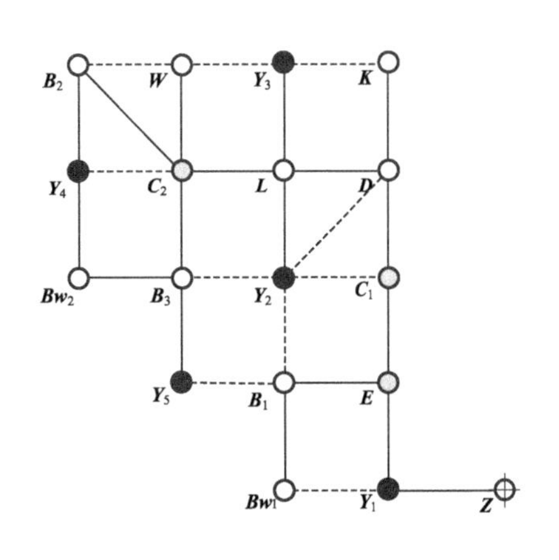

（续表）

<table>
<tr><td>样本编号</td><td>M－09d</td><td rowspan="5">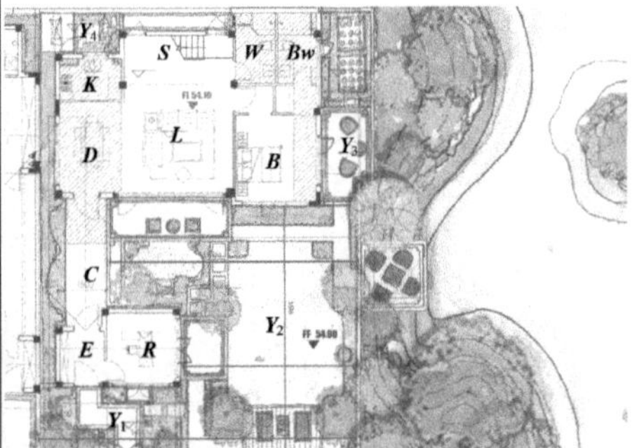
</td></tr>
<tr><td>项目名称</td><td>绿城・桃李春风</td></tr>
<tr><td>建成年份</td><td>2015</td></tr>
<tr><td>项目地点</td><td>杭州临安</td></tr>
<tr><td colspan="2"></td></tr>
<tr><td colspan="2">J型图</td><td>M型图</td></tr>
<tr><td colspan="2">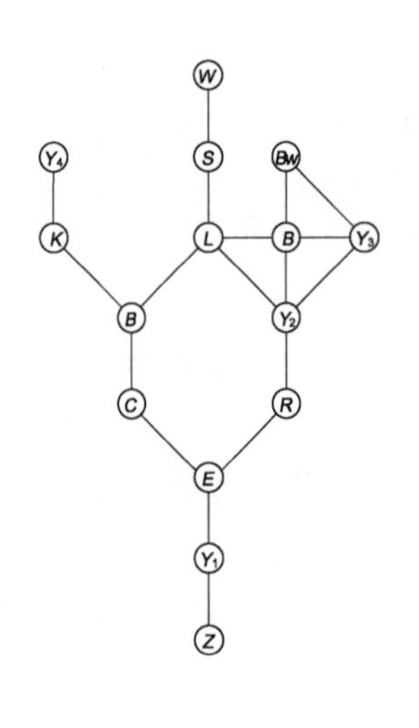
</td><td>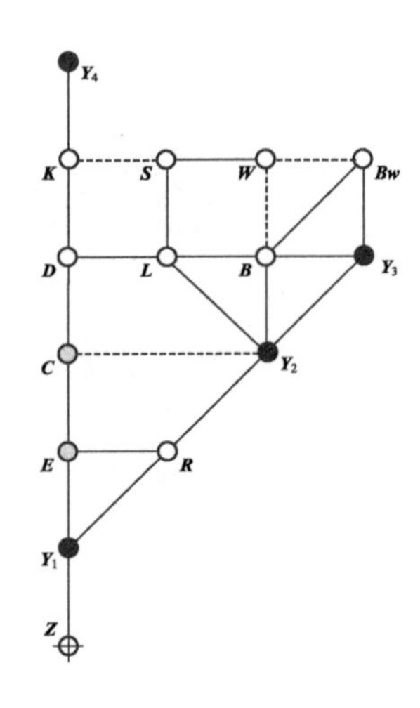
</td></tr>
</table>

（续表）

样本编号	M-10	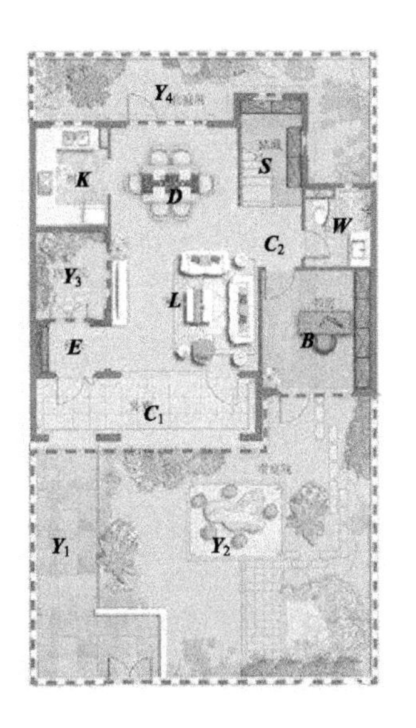
项目名称	绿城·桃花源	
建成年份	2017	
项目地点	临沂	

J 型图		M 型图
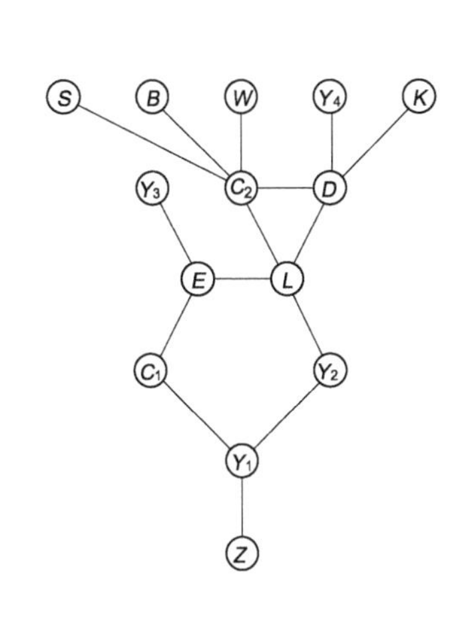 		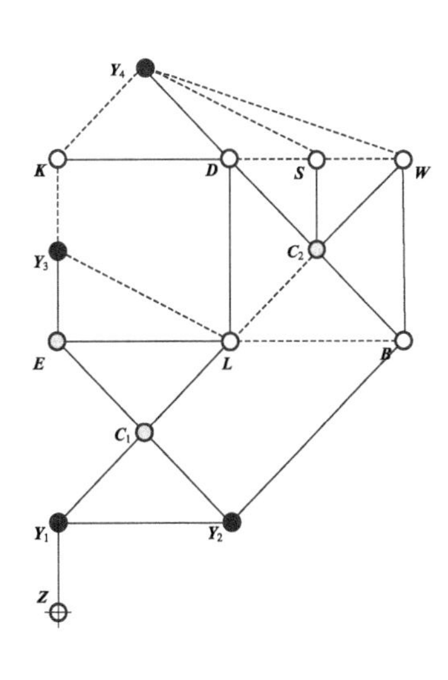

（续表）

<table>
<tr><td>样本编号</td><td>M-11</td><td rowspan="5">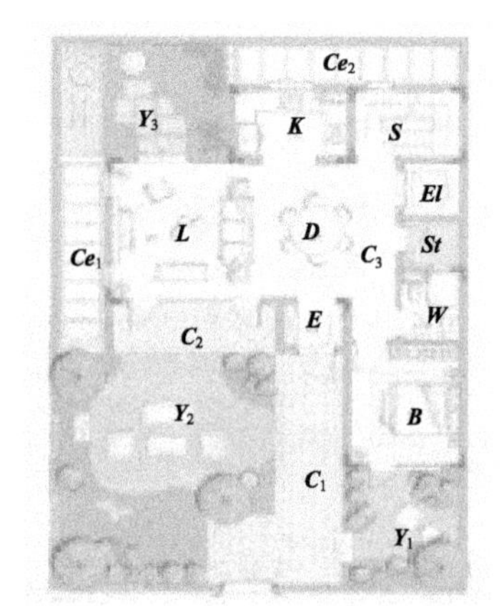
</td></tr>
<tr><td>项目名称</td><td>绿城·桃花源</td></tr>
<tr><td>建成年份</td><td>2018</td></tr>
<tr><td>项目地点</td><td>杭州云栖</td></tr>
<tr><td colspan="2"></td></tr>
<tr><td colspan="2">J 型图</td><td>M 型图</td></tr>
<tr><td colspan="2">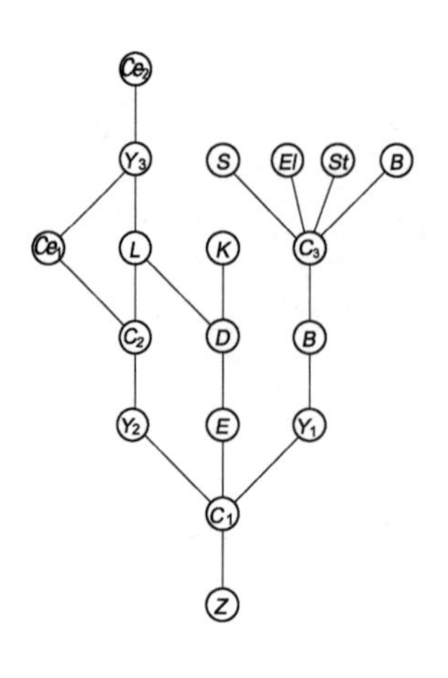
</td><td>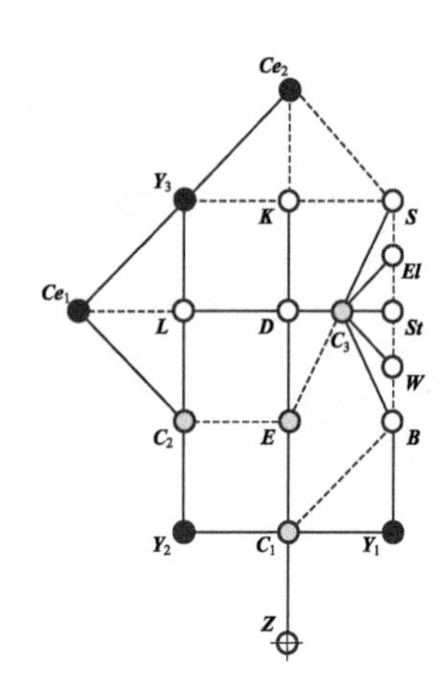
</td></tr>
</table>

（续表）

<table>
<tr><td>样本编号</td><td>M－12</td><td rowspan="5">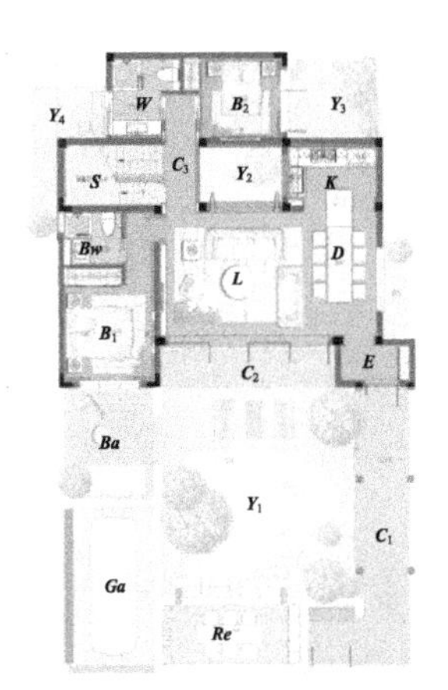
</td></tr>
<tr><td>项目名称</td><td>绿城·桃源小镇</td></tr>
<tr><td>建成年份</td><td>2017</td></tr>
<tr><td>项目地点</td><td>杭州</td></tr>
<tr><td colspan="2"></td></tr>
<tr><td colspan="2">J 型图</td><td>M 型图</td></tr>
<tr><td colspan="2">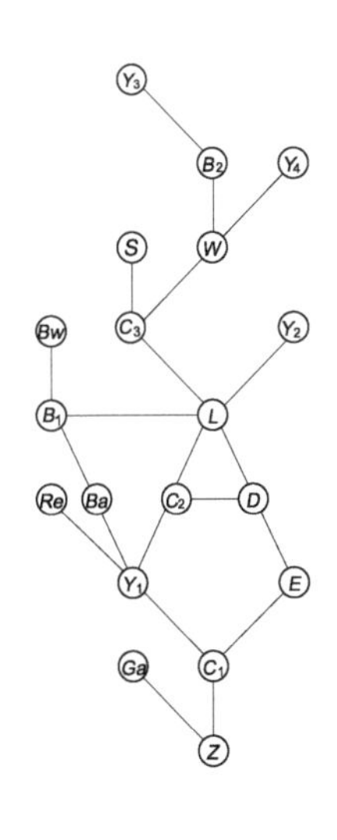
</td><td>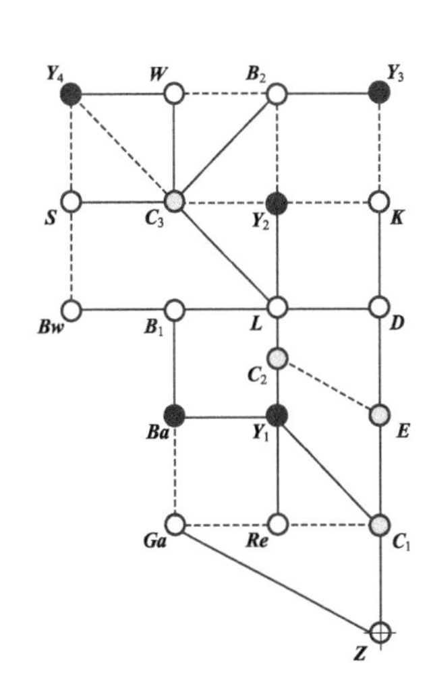
</td></tr>
</table>

（续表）

<table>
<tr><td>样本编号</td><td>M-13</td><td rowspan="5">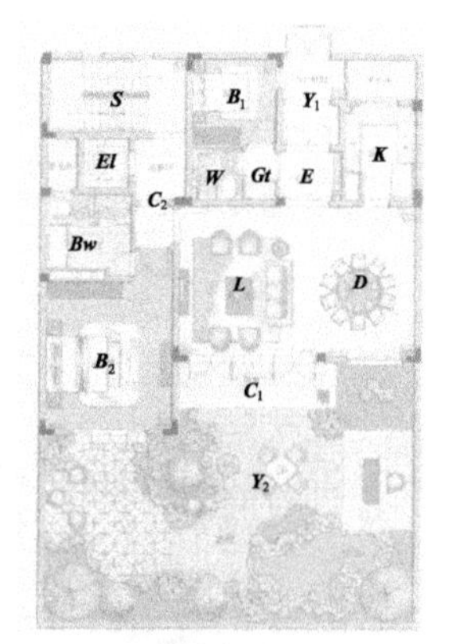
</td></tr>
<tr><td>项目名称</td><td>绿城·凤起潮鸣</td></tr>
<tr><td>建成年份</td><td>2018</td></tr>
<tr><td>项目地点</td><td>杭州</td></tr>
<tr><td colspan="2"></td></tr>
<tr><td colspan="2">J 型图</td><td>M 型图</td></tr>
<tr><td colspan="2">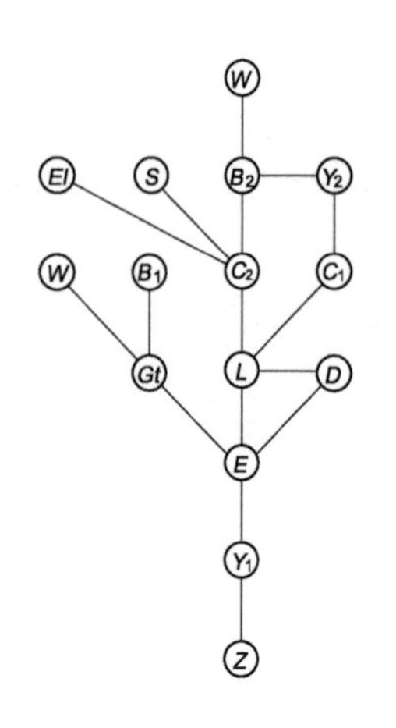
</td><td>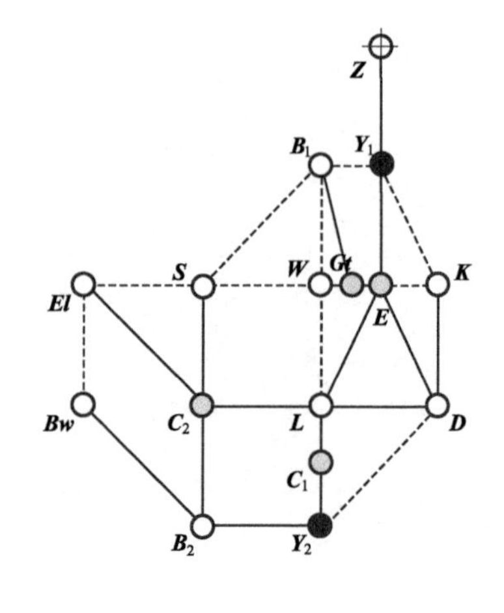
</td></tr>
</table>

（续表）

<table>
<tr><td>样本编号</td><td>M－14a</td><td rowspan="5">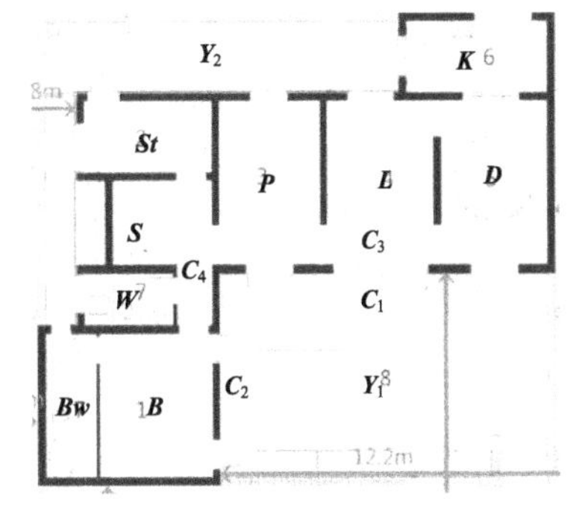
</td></tr>
<tr><td>项目名称</td><td>东梓关回迁农墅</td></tr>
<tr><td>建成年份</td><td>2016</td></tr>
<tr><td>项目地点</td><td>杭州富阳</td></tr>
<tr><td colspan="2"></td></tr>
<tr><td colspan="2">J 型图</td><td>M 型图</td></tr>
<tr><td colspan="2">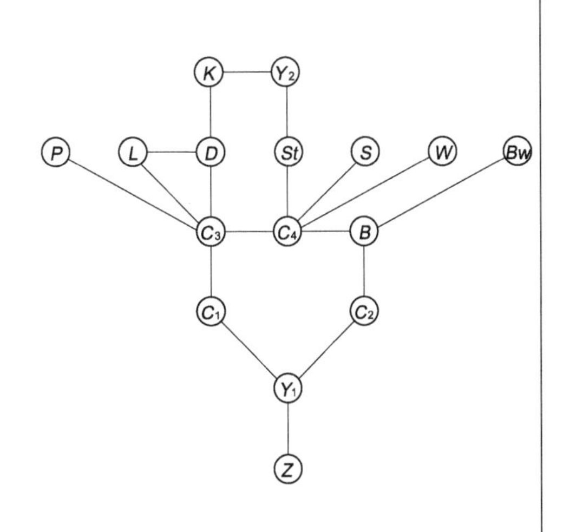
</td><td>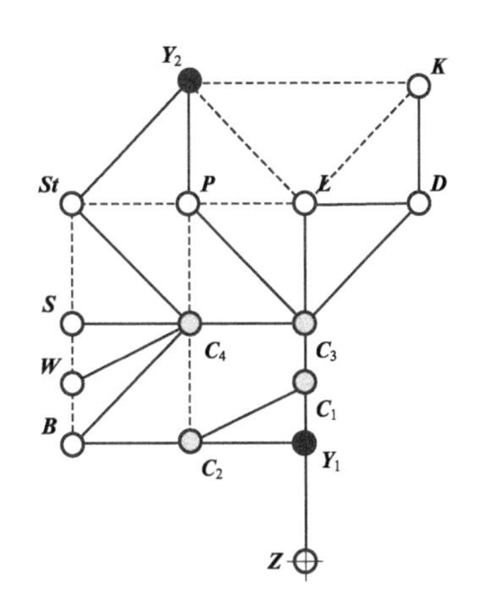
</td></tr>
</table>

（续表）

<table>
<tr><td>样本编号</td><td>M-14b</td><td rowspan="5">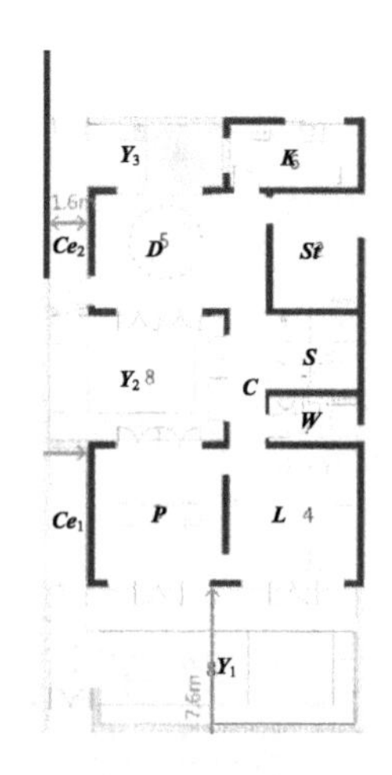
</td></tr>
<tr><td>项目名称</td><td>东梓关回迁农墅</td></tr>
<tr><td>建成年份</td><td>2016</td></tr>
<tr><td>项目地点</td><td>杭州富阳</td></tr>
<tr><td colspan="2"></td></tr>
<tr><td colspan="2">J 型图</td><td>M 型图</td></tr>
<tr><td colspan="2">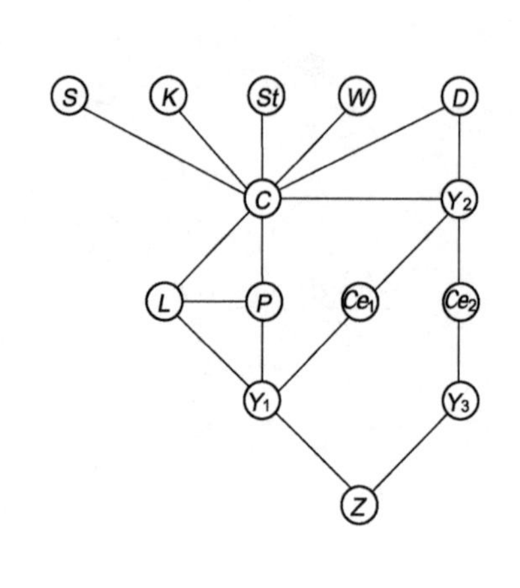
</td><td>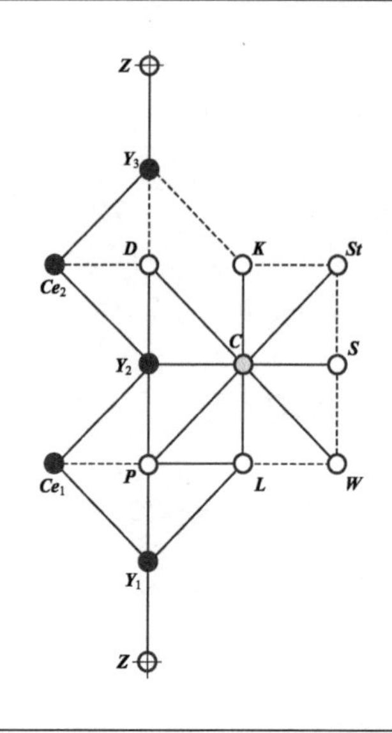
</td></tr>
</table>

（续表）

样本编号	M－15a
项目名称	蓝城·云林春风
建成年份	2019
项目地点	南昌

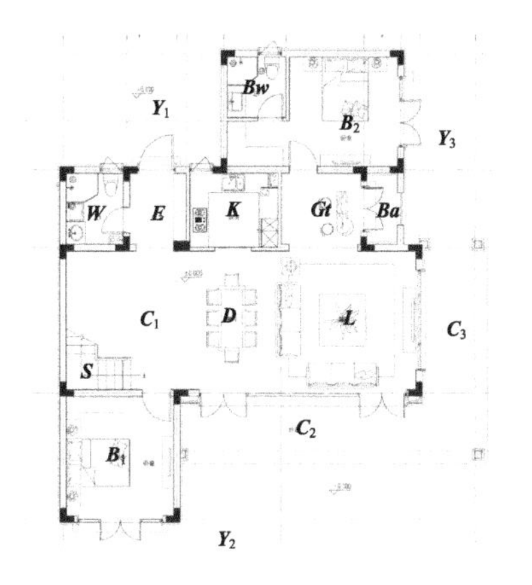

J 型图	M 型图

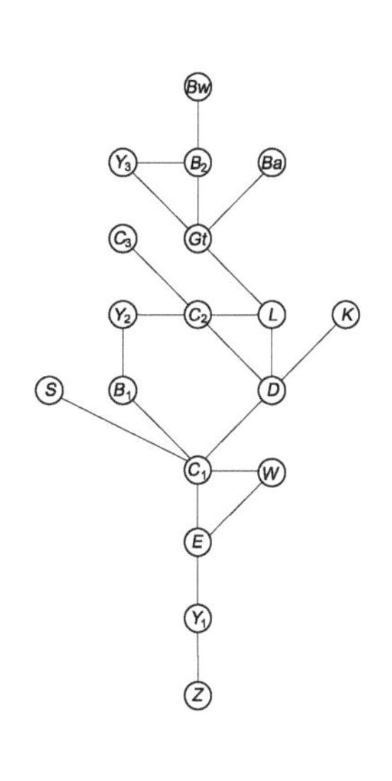

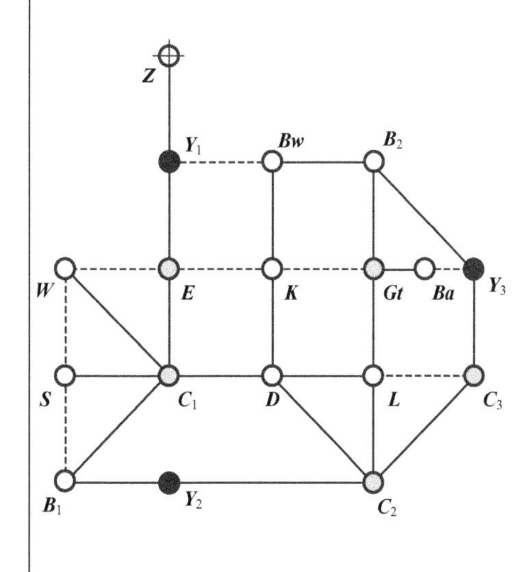

（续表）

样本编号	M－15b
项目名称	蓝城·云林春风
建成年份	2019
项目地点	南昌

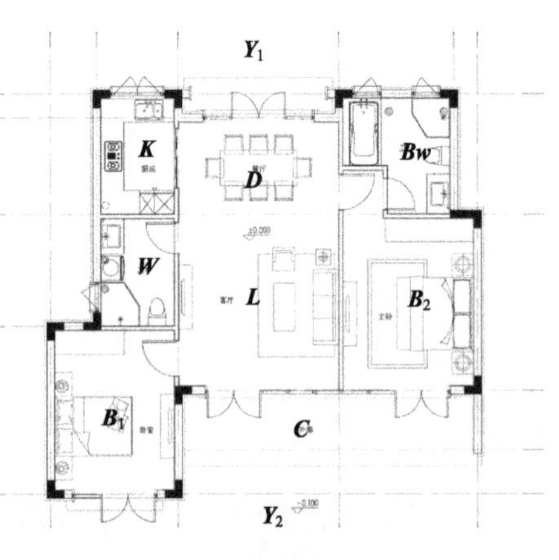

J 型图	M 型图

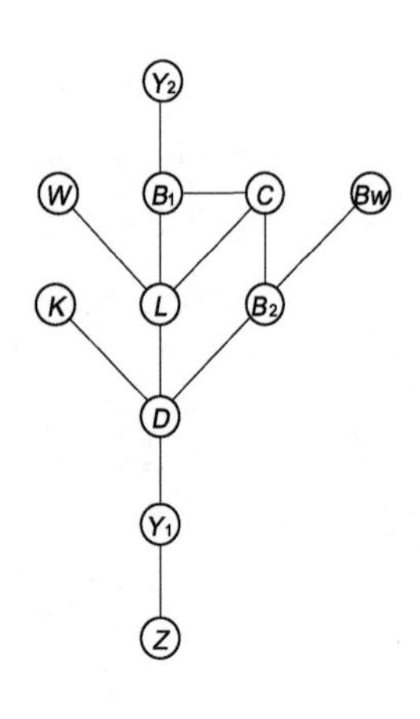

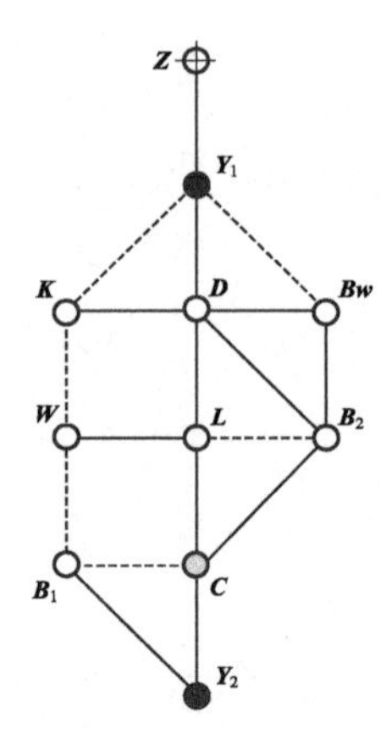

（续表）

样本编号	M－15c
项目名称	蓝城·云林春风
建成年份	2019
项目地点	南昌

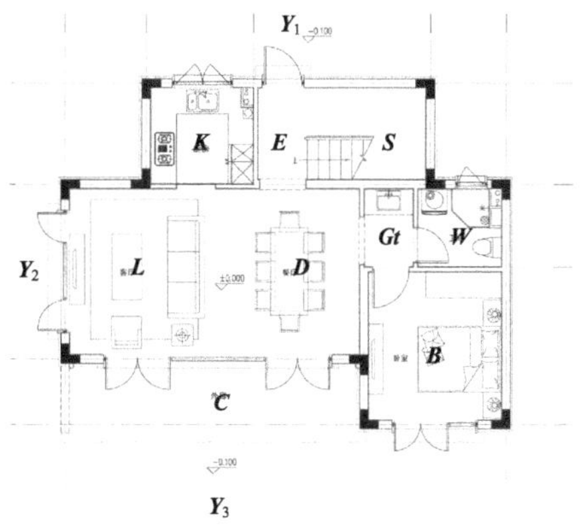

J 型图	M 型图

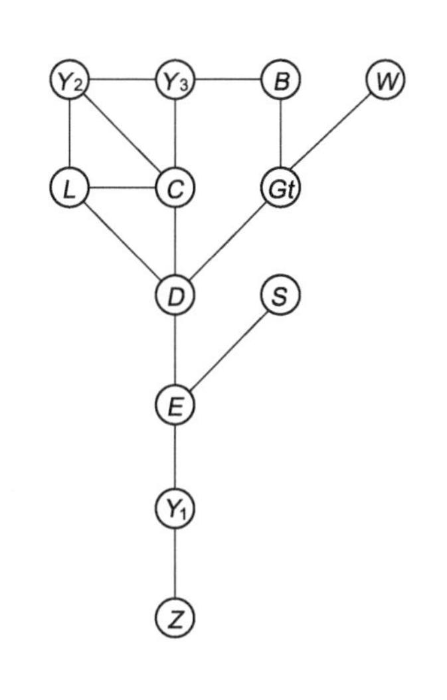

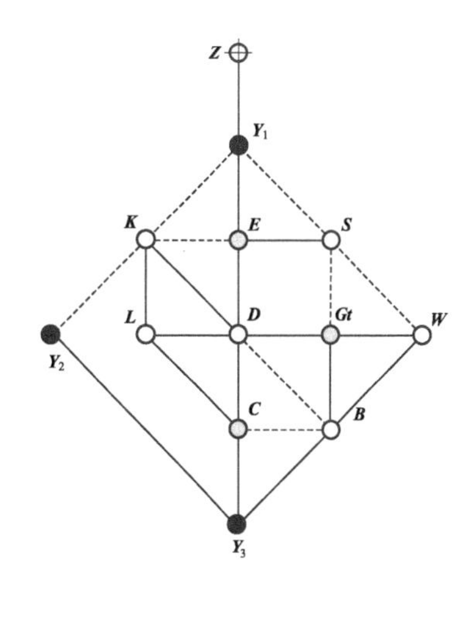

（续表）

样本编号	M-16
项目名称	枫桥印象
建成年份	2019
项目地点	诸暨

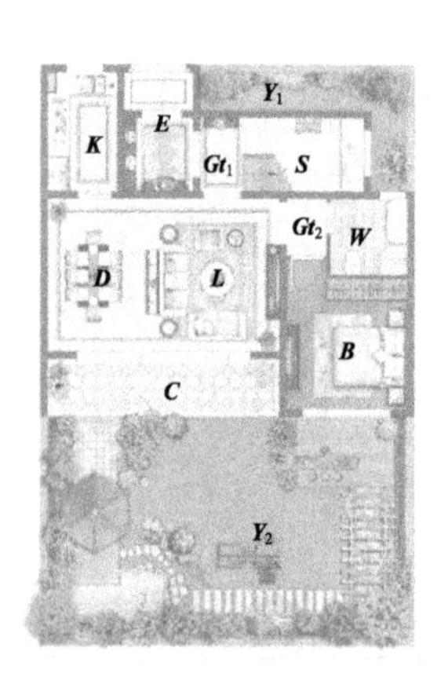

J 型图	M 型图

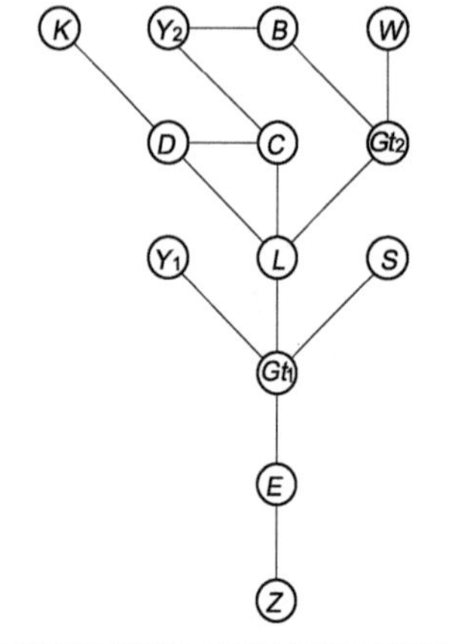

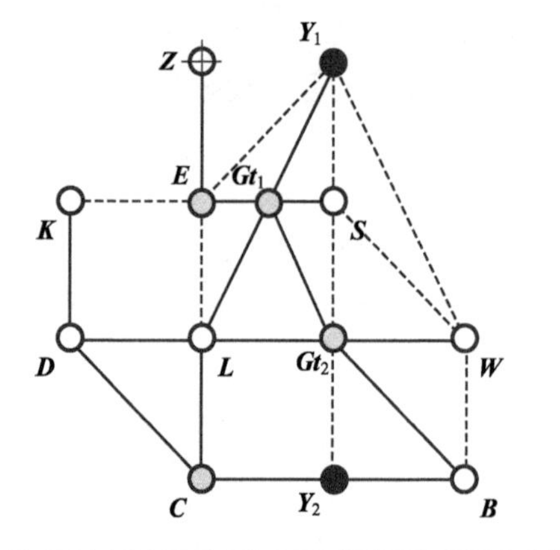

统一图例		
	Z—外部载体	*Y*—院落
	E—入口玄关	*Yt*—采光井
	C—过道走廊	*Ba*—阳台、露台
	L—客厅	*Gt*—过厅
	D—餐厅	*Ce*—外走廊
	K—厨房	*St*—储藏室
	S—楼梯	*Se*—佣人房
	El—电梯	*P*—娱乐室
	W—卫生间	*Bw*—卧室卫生间
	Re—接待室	*Wa*—景观水面
	R—书房	*Ga*—车库
	B—卧室	

（2）江浙传统民居样本

以类似的原则，研究在江浙传统民居的范畴内选取了浙江、江苏两地共 10 个样本，反映空间组织的首层平面测绘图来源于中国建筑技术发展中心于 1984 年出版的《浙江民居》、李秋香和陈志华编纂的“中华遗产·乡土建筑”系列书籍《新叶村》以及陈从周先生的经典著作《苏州旧住宅》，上述文献均出自名家之手，且经过几十载光阴的检验，备受民居学术研究界的推崇，因而具有较高的信度。表 3-3 甄选出的样例在类型上涵盖了从浙中地区“十三间头”到苏南地区多进院落结合备弄等各种空间形制，在规模上囊括了 18 个空间单元（T－03）到 121 个空间单元（T－08）的涨落幅度，样本选择以随机性替代导向性，以保证相互的独立。

表 3-3　江浙传统民居样本信息汇总一览表

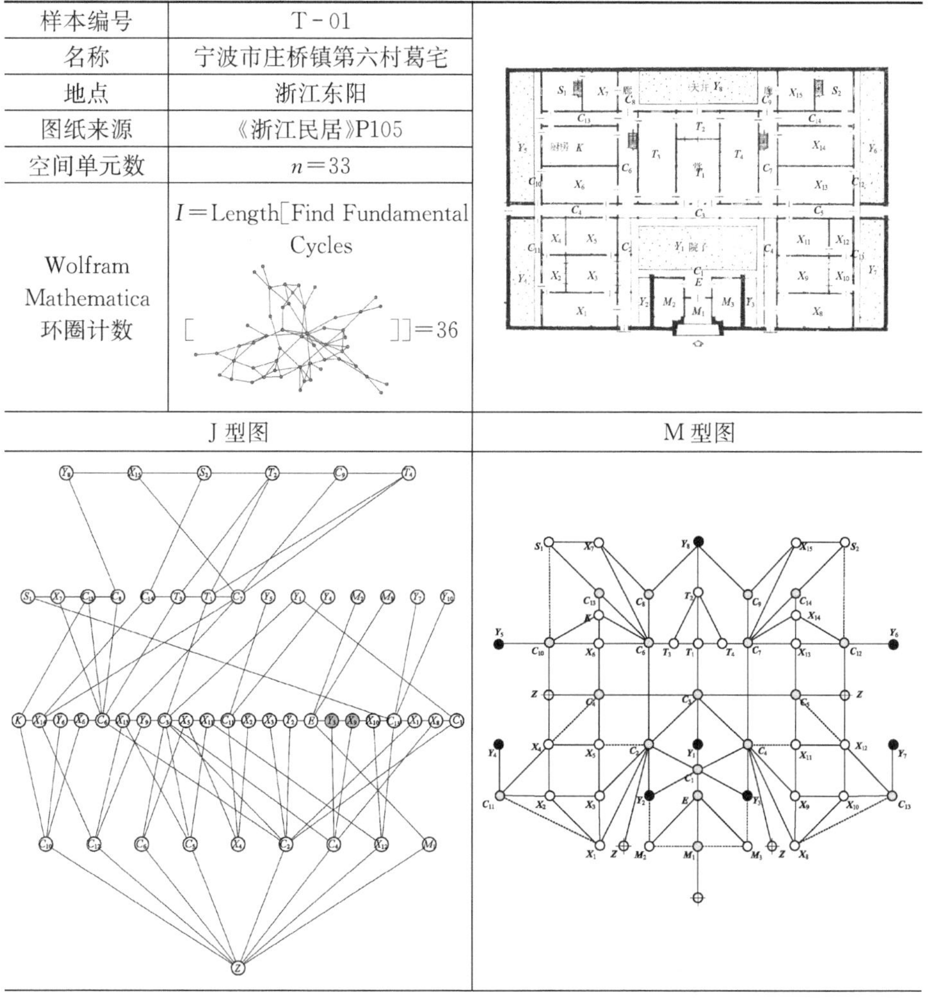

样本编号	T－01
名称	宁波市庄桥镇第六村葛宅
地点	浙江东阳
图纸来源	《浙江民居》P105
空间单元数	$n=33$
Wolfram Mathematica 环圈计数	I＝Length[Find Fundamental Cycles[ ]]＝36
J 型图	M 型图

（续表）

样本编号	T－02	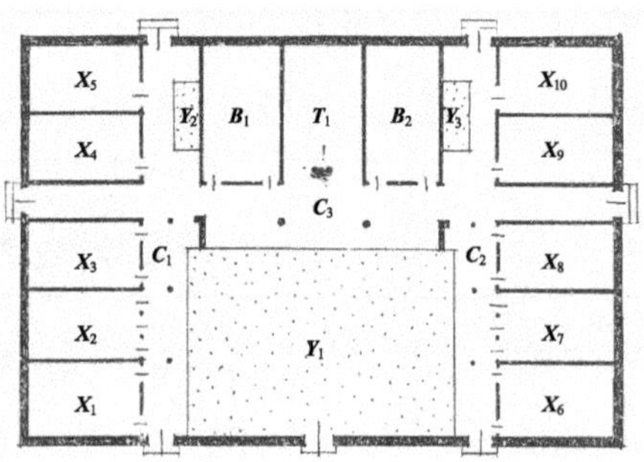 X_5 Y_2 B_1 T_1 B_2 Y_3 X_{10} X_4 X_9 C_3 X_3 C_1 C_2 X_8 X_2 Y_1 X_7 X_1 X_6
名称	东阳白坦乡务本堂	
地点	浙江东阳	
图纸来源	《浙江民居》P105	
空间单元数	$n=20$	
Wolfram Mathematica 环圈计数	—	
J 型图		M 型图
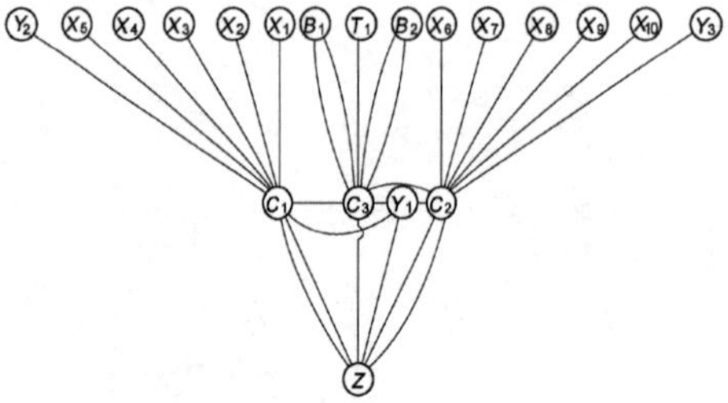 Y_2 X_5 X_4 X_3 X_2 X_1 B_1 T_1 B_2 X_6 X_7 X_8 X_9 X_{10} Y_3 C_1 C_3 Y_1 C_2 Z		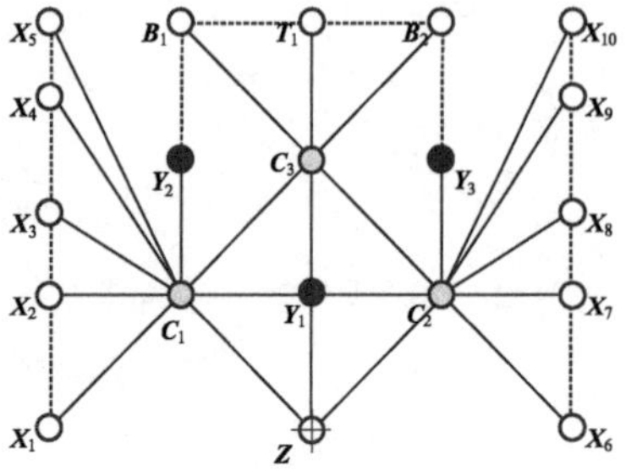 X_5 B_1 T_1 B_2 X_{10} X_4 X_9 C_3 Y_2 Y_3 X_3 X_8 X_2 C_1 Y_1 C_2 X_7 X_1 Z X_6

（续表）

样本编号	T-03
名称	天台县云和乡八村陈宅
地点	浙江台州
图纸来源	《浙江民居》P109
空间单元数	$n=18$
Wolfram Mathematica 环圈计数	$I=$Length[FindFundamental Cycles[ ]]=11

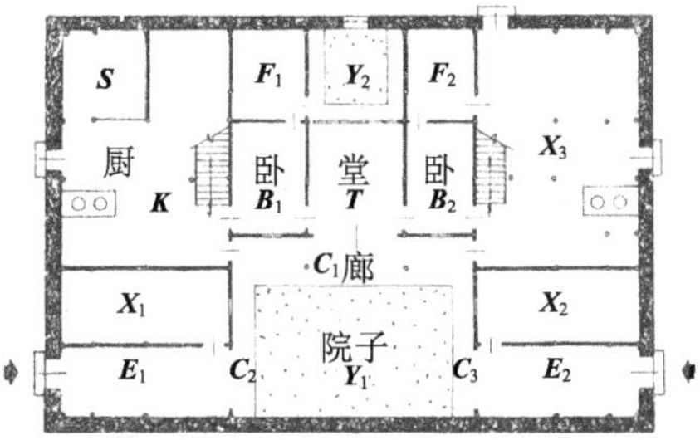

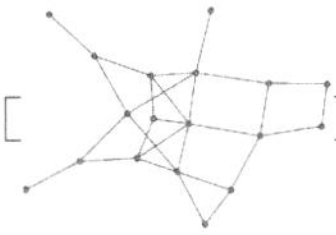

S 厨 K F_1 卧 B_1 Y_2 堂 T F_2 卧 B_2 X_3 C_1廊 X_1 E_1 C_2 院子 Y_1 C_3 X_2 E_2

J 型图	M 型图
Y_2 F_1 T Y_1 S F_2 B_2 B_1 C_1 C_2 C_3 X_1 X_2 K X_3 E_1 E_2 Z	F_1 Y_2 F_2 S K B_1 T B_2 X_3 X_1 C_1 X_2 Z E_1 C_2 Y_1 C_3 E_2 Z

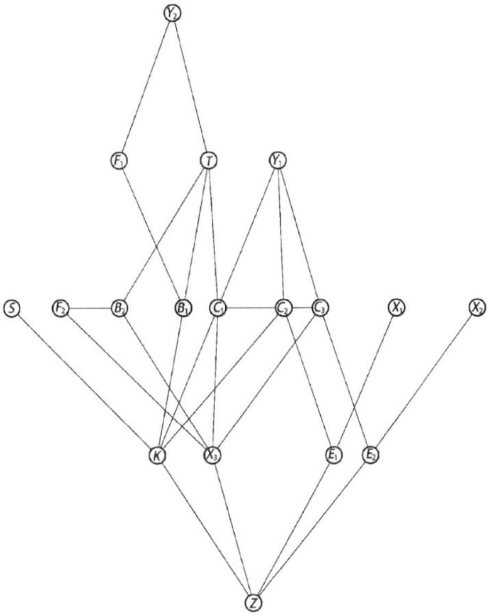

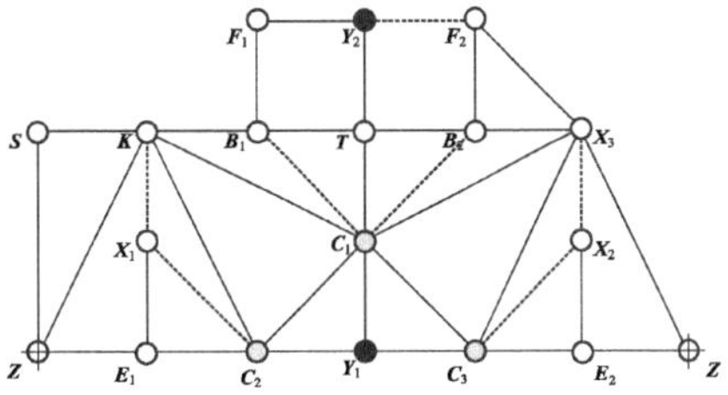

（续表）

样本编号	T－04	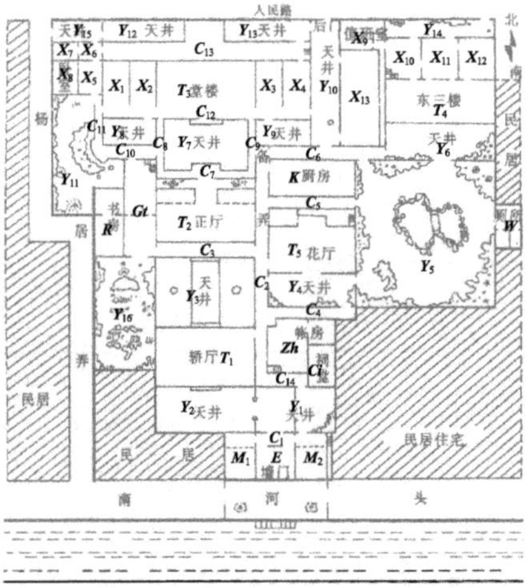
名称	莫氏庄园	
地点	浙江嘉兴	
图纸来源	《解析与传承》P29	
空间单元数	$n=58$	
Wolfram Mathematica 环圈计数	I＝Length[FindFundamentalCycles[ ]＝31	
J 型图		M 型图

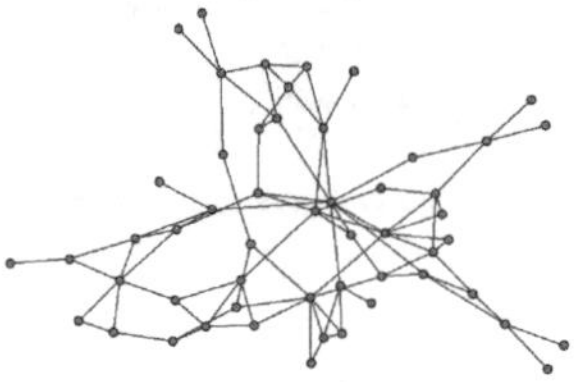

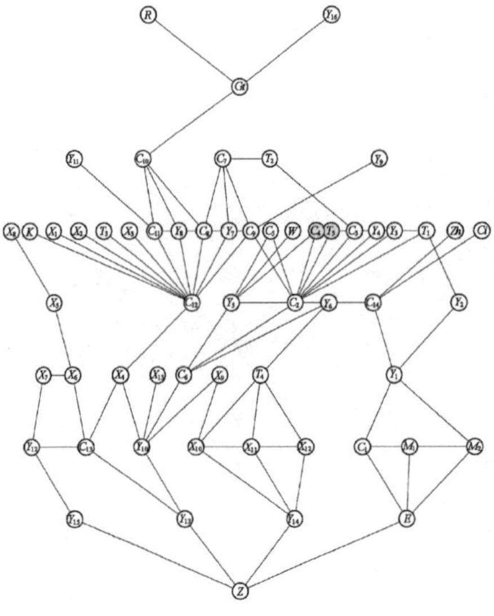

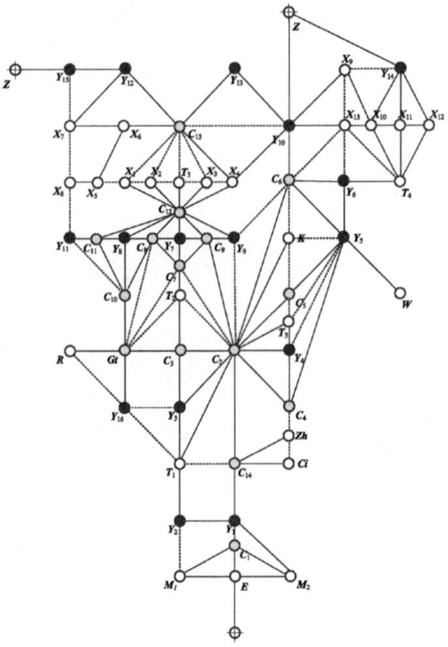

人民路
北
天井 Y_{15} Y_{12} 天井 Y_{13} 天井 Y_{14}
X_7 X_6 C_{13} X_9 X_{10} X_{11} X_{12}
X_8 X_5 X_1 X_2 T_3 堂楼 X_3 X_4 Y_{10} X_{13} 东三楼 T_4
C_{12} C_{11} Y_8 天井 C_8 Y_7 天井 C_9 Y_9 天井 C_6 天井 Y_6
C_{10} C_7 K 厨房 Y_{11}
杨 书房 Gt R T_2 正厅 C_5 W
居 弄 C_3 T_5 花厅 Y_5
Y_3 天井 C_2 Y_4 天井 C_4 Y_{16}
账房 Zh 轿厅 T_1 C_{14} Ci
民居 Y_2 天井 Y_1 天井 C_1
民居 M_1 E M_2 民居住宅
南 河 头

R Y_{16} Gt Y_{11} C_{10} C_7 T_2 Y_6
X_8 K X_1 X_2 T_3 X_3 C_{11} Y_8 C_8 Y_7 C_9 C_5 W C_6 T_5 C_3 Y_4 Y_9 T_1 Zh Ci
X_5 C_{12} Y_3 C_2 Y_4 C_{14} Y_5
X_7 X_6 X_4 X_{13} C_4 X_9 T_4 Y_1
Y_{12} C_{13} Y_{10} X_{10} X_{11} X_{12} C_1 M_1 M_2
Y_{15} Y_{13} Y_{14} E
Z

Z Z Y_{15} Y_{12} Y_{13} X_9 Y_{14}
X_7 X_6 C_{13} Y_{10} X_{13} X_{10} X_{11} X_{12}
X_8 X_5 X_1 X_2 T_3 X_3 X_4 C_6 Y_6 T_4
C_{12} Y_{11} C_{11} Y_8 C_8 Y_7 C_9 Y_9 K Y_5
C_7 C_{10} T_2 C_5 W T_5
R Gt C_3 C_2 Y_4
Y_{16} Y_3 C_4 Zh
T_1 C_{14} Ci
Y_2 Y_1 C_1
M_1 E M_2

（续表）

样本编号	T－05	
名称	余姚市费家市乡某宅	
地点	浙江嘉兴	
图纸来源	《浙江民居》P112	
空间单元数	$n=48$	
Wolfram Mathematica 环圈计数	I＝Length[FindFundamental Cycles[ ]]＝23	

J 型图	M 型图
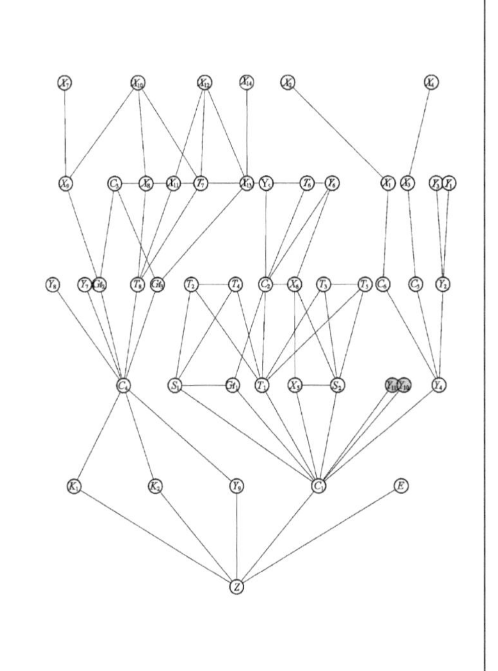	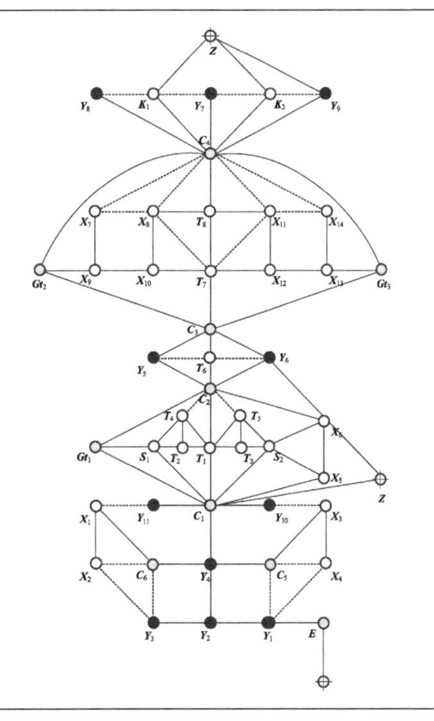

（续表）

样本编号	T－06	
名称	新叶村双美堂	
地点	浙江建德	
图纸来源	《新叶村》P174	
空间单元数	$n=22$	
Wolfram Mathematica 环圈计数	I＝Length[FindFundamental Cycles[ ]]＝9	St Y4 Gt1 B3 T1 S1 Y3 T2 X1 Y2 X2 Gt2 C1 S2 B1 M B2 C2 K Y1 Y5

J 型图	M 型图

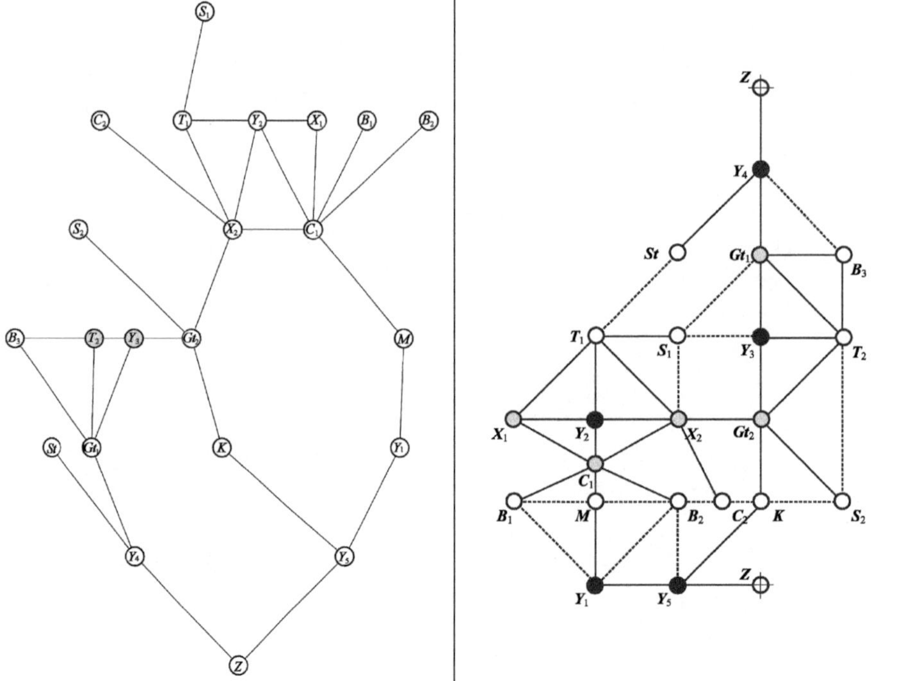

（续表）

样本编号	T－07	
名称	新叶村叶桐住宅	
地点	浙江建德	
图纸来源	《浙江民居》P156	
空间单元数	$n=20$	
Wolfram Mathematica 环圈计数	—	
J型图		M型图
样本编号	T－08	
名称	东北街韩宅	
地点	苏州老城区	
图纸来源	《苏州旧住宅》P89	
空间单元数	$n=121$	
Wolfram Mathematica 环圈计数	$I=$Length[FindFundamentalCycles[ ]]=29	

（续表）

J 型图	M 型图
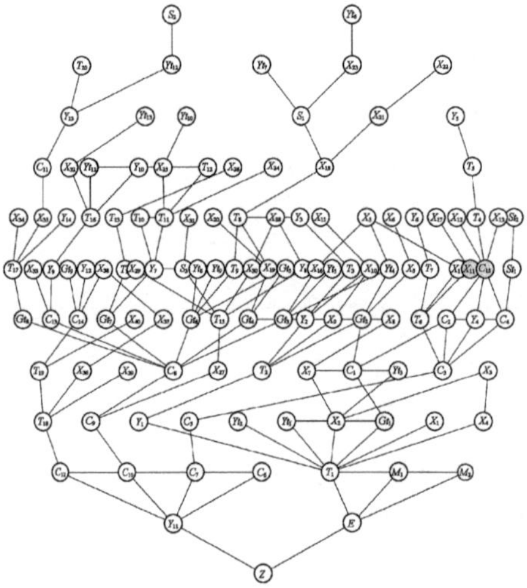	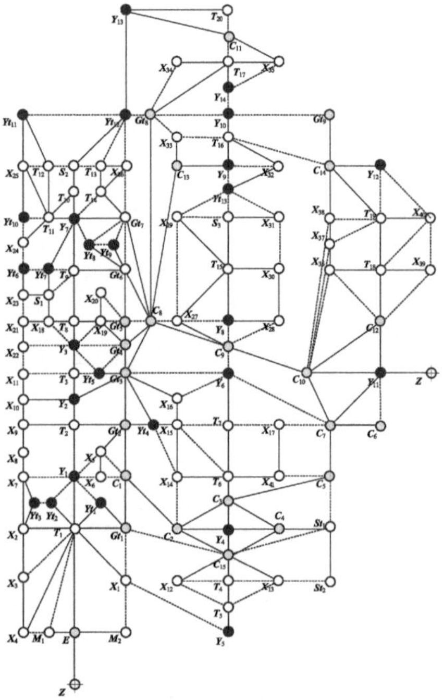

样本编号	T－09	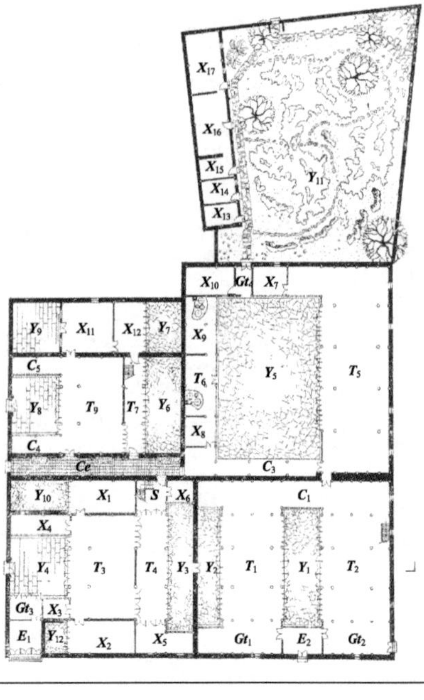
名称	廖家巷刘宅	
地点	苏州老城区	
图纸来源	《苏州旧住宅》P35	
空间单元数	$n=50$	
Wolfram Mathematica 环圈计数	*I*＝Length[FindFundamental Cycles[]]＝17	

（续表）

J 型图	M 型图
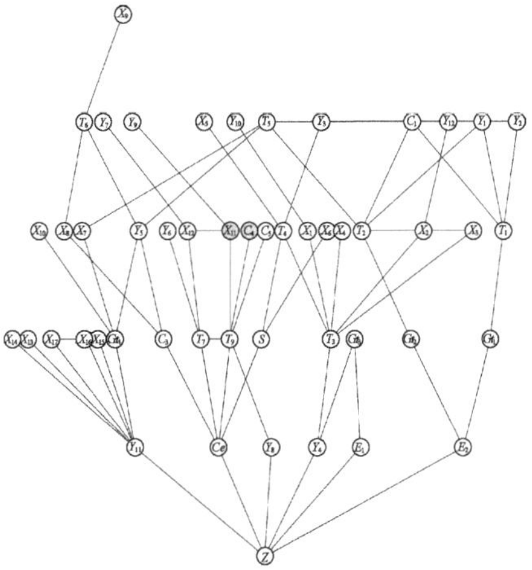	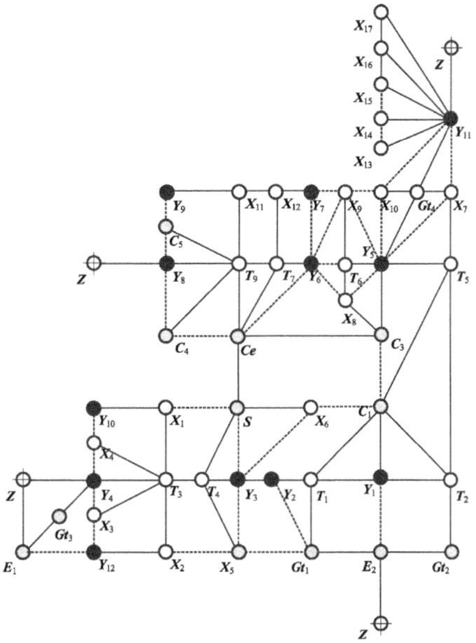

样本编号	T－10	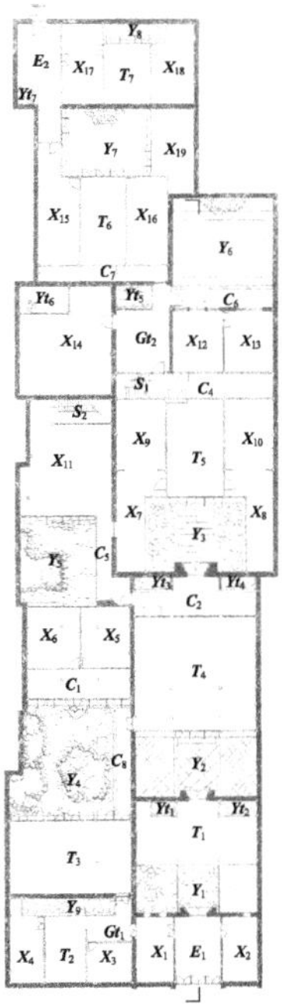
名称	宋仙洲巷张宅	
地点	苏州老城区	
图纸来源	《苏州旧住宅》P165	
空间单元数	$n=56$	
Wolfram Mathematica 环圈计数	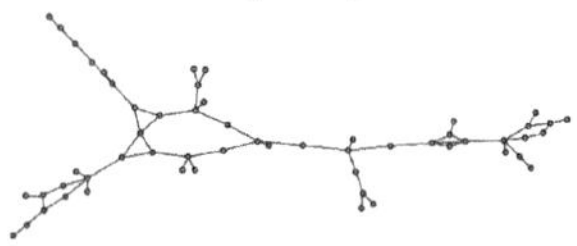 I＝Length[FindFundamental Cycles[ ]]＝8	

（续表）

J 型图	M 型图

统一图例		
	Z—外部载体 E—入口 M—门楼 T—厅堂 X—厢房 K—厨房 S—楼梯	Y—院落 Yt—采光井 Gt—过厅 Ce—外走廊 St—储藏室 W—卫生间 B—卧室

需要特别说明的是，由于民居空间组织的复杂程度明显高于现代中式住宅，单元间构成的环圈数目非常多，二维的 J 型图已经无法清晰地表达其连接关系，尤其涉及同一步数上出现大量空间单元的情况。对此，一方面必须应用

3.3.3 节提出的基于邻接矩阵输入的 J 型图自动生成技术，由计算机自动输出 J 型图；另一方面，此时 J 型图上的基本回路数目 I 远非肉眼可以统计，我们需要借助基于 Wolfram 语言的科学计算软件 Mathematica 打开.net 网络文件，通过 FindFundamentalCycles 命令自动统计基本回路数目 I，相应的结果已经呈现在表格 3-3 中。

3.5.2 指标数据的统计汇总与分析

对表 3-2、表 3-3 中所有样本的 M 型图和 J 型图进行基础数据(包括 s、r、k、v、S、n、I，解释见 3.4 节公式说明)的计数统计，接着利用 Depthmap 软件计算各样本全部空间单元的整合度数值，然后根据 3.4 节定义的公式计算各样本的五项空间属性指标，计算结果见表 3-4。

表 3-4 样本空间基础数据和属性指标汇总表

样本	项目简称	基础数据							空间属性指标				
		s	r	k	S	v	n	I	院落耦合度 Y_c*	环圈度 R*	标准深度比 S*	全局整合度 INT	链接度 C
M-01	云间水庄	3	3	0	18	2	15	3	0.729 7	0.353 7	0.551 5	1.161 2	1.512 8
M-02	庐师山庄	4	7	2	19	6	17	2	0.706 1	0.265 7	0.596 7	1.032 0	1.430 7
M-03a	深圳第五园	5	4	0	13	2	14	1	0.862 6	0.210 1	0.775 8	1.032 0	2.397 5
M-03b	深圳第五园	3	4	2	11	0	14	0	0.647 3	0.000 0	0.852 9	0.723 9	1.686 7
M-04	上海九间堂	18	19	3	52	2	35	20	0.795 0	0.588 0	0.543 4	1.053 5	1.239 0
M-05	上海第五园	2	4	2	9	1	11	1	0.644 7	0.408 6	0.844 0	1.071 6	2.477 2
M-06a	金域华府	4	2	0	14	1	12	3	0.659 1	0.231 5	0.844 0	1.012 2	1.360 7
M-06b	金域华府	5	4	0	14	1	15	1	0.803 3	0.201 4	0.771 7	1.050 2	1.468 9
M-07	南京九间堂	8	5	2	33	2	24	8	0.582 9	0.446 0	0.594 4	1.072 3	1.488 1
M-08	苏州桃花源	4	3	0	24	6	18	6	0.523 6	0.455 5	0.696 0	1.213 7	1.449 0
M-09a	桃李春风	9	6	2	23	0	18	7	0.763 7	0.495 2	0.735 3	1.003 2	1.092 6
M-09b	桃李春风	8	5	1	16	2	14	2	0.944 3	0.299 3	0.842 8	0.678 7	1.825 7
M-09c	桃李春风	6	9	1	17	0	17	1	0.874 1	0.186 8	0.842 8	0.731 2	1.439 3
M-09d	桃李春风	9	1	1	18	0	15	4	0.785 4	0.411 5	0.739 1	0.907 2	1.063 1
M-10	临沂桃花源	5	5	0	14	2	14	2	0.857 1	0.299 3	0.727 6	1.025 9	1.331 4

（续表）

样本	项目简称	基础数据							空间属性指标				
		s	r	k	S	v	n	I	院落耦合度 Y_c*	环圈度 R*	标准深度比 S*	全局整合度 INT	链接度 C
M-11	云栖桃花源	5	4	0	19	1	18	2	0.665 8	0.256 8	0.605 0	1.217 7	1.544 6
M-12	桃源小镇	8	6	1	19	1	19	3	0.851 4	0.306 3	0.577 9	0.707 2	1.184 8
M-13	凤起潮鸣	3	3	1	14	1	15	2	0.583 5	0.286 8	0.732 4	0.978 2	1.443 3
M-14a	东梓关回迁农墅	4	2	0	17	4	16	3	0.636 1	0.339 8	0.699 8	1.179 6	1.468 9
M-14b	东梓关回迁农墅	4	4	0	17	2	14	5	0.666 6	0.485 0	0.629 0	1.137 8	1.662 8
M-15a	云林春风	5	2	0	20	2	18	4	0.606 6	0.367 4	0.767 7	0.884 7	1.135 1
M-15b	云林春风	3	2	0	11	2	11	2	0.694 0	0.350 1	0.777 7	1.067 5	0.887 9
M-15c	云林春风	3	3	2	15	2	12	4	0.542 6	0.476 7	0.833 1	1.037 3	1.252 2
M-16	枫桥印象	3	3	1	14	2	13	2	0.602 8	0.313 7	0.615 5	1.240 1	1.492 6
T-01	宁波市庄桥镇第六村葛宅	21	8	2	84	22	33	36	0.634 3	0.876 1	0.443 3	1.240 8	1.219 2
T-02	东阳白坦乡务本堂	5	2	2	20	11	20	9	0.671 9	0.531 8	0.415 2	1.529 2	1.747 9
T-03	天台县云和乡八村陈宅	5	1	1	23	7	18	11	0.572 5	0.638 1	0.471 0	1.219 8	1.229 3
T-04	莫氏庄园	38	14	4	82	5	58	31	0.825 1	0.556 8	0.334 2	1.188 0	1.227 0
T-05	余姚市费家市乡某宅	12	12	5	67	27	48	23	0.614 2	0.526 8	0.339 1	1.119 3	1.227 7
T-06	新叶村双美堂	9	5	1	27	0	22	9	0.692 3	0.501 1	0.555 1	1.104 1	1.210 2
T-07	新叶村叶桐住宅	8	0	0	22	3	20	5	0.682 4	0.387 6	0.520 7	0.865 3	1.195 3
T-08	东北街韩宅	45	35	11	139	3	121	29	0.700 5	0.357 4	0.311 9	0.842 4	1.260 8
T-09	廖家巷刘宅	23	24	9	56	0	50	17	0.830 1	0.436 8	0.356 3	0.965 4	1.135 0
T-10	宋仙洲巷张宅	26	17	8	58	4	56	8	0.828 6	0.277 0	0.436 4	0.675 0	1.087 0

分别考察现代中式住宅和江浙传统民居两个组别组内各项属性指标的数据分布情况，利用社会科学统计软件 SPSS（Statistical Product and Service Solutions）描述五项指标变量，求出算术平均数（Arithmetic Mean）和标准差

(Standard Deviation)，逐一绘出其频率分布直方图及拟合的正太分布曲线，进行两组间的横向对比，结果见表 3-5。研究的重点放在现代中式住宅组，该组样本数目(Num)=24，其中院落耦合度、环圈度和标准深度比三项变量的正态性(normality)较高，通过了 P-P 图[10]检验，另两项变量虽然正态性得不到满足，但只是少许偏离正太，结果依然稳健，因此可以套用正态分布的趋势特征指标予以描述。江浙传统民居组样本数目少得多，在这里只是将其作为参照组，不单独考虑其统计学的置信度和建筑学的类型意义。以下就各项指标逐一进行解析：

① 院落耦合度方面，现代中式住宅组接近但是仍小于江浙传统民居组，且组内分布的离散趋势较大，广泛地分布于 0.4 到 1.0 之间。江浙传统民居的院落耦合度相较集中在 0.5 到 0.8 之间，在 0.7 左右达到频率峰值。数值偏低的样本有 M-07(南京九间堂)、M-08(苏州桃花源)、M-13(风起潮鸣)、M-15c(云林春风)、M-16(枫桥印象)，五者中除了 M-15c 因院落面积较小外，其余四者均有数量不止一个的前后庭院，且后院面积很大，接近一层平面全部的室内面积。然而，这

表 3-5　两样本组别空间属性变量直方统计图

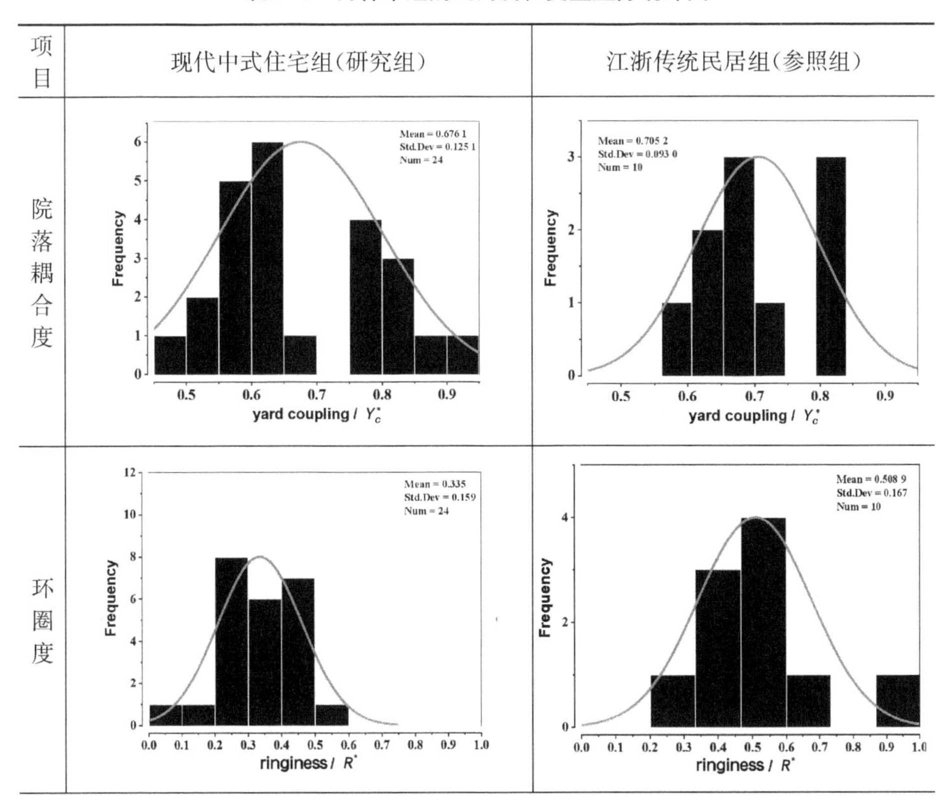

（续表）

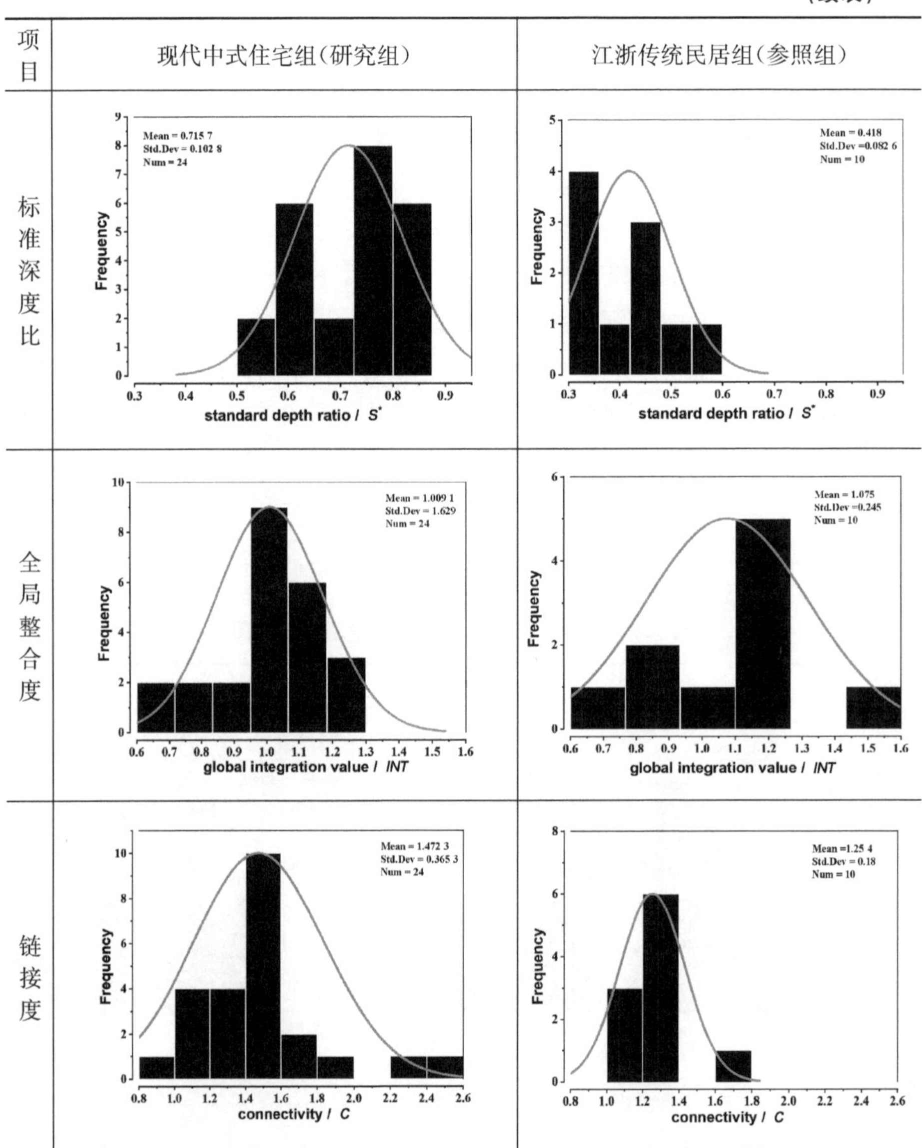

种“前院＋室内＋后院”的纵向三段式划分并不能营造良好的室内外空间的交互，尤其当住宅进深较大的情况下，位于中间的功能房间很可能会变成“黑房间”，如 M－13（凤起潮鸣）中的 *Gt* 和 *W* 房间。相反，江浙传统民居的空间策略是将院落分散地布置，形成多重院落的点群式结构，即数个功能空间围绕着某处院落布局，纵向关系表现为“院—宅—院……—院”的递进格局，其院落耦合度自然要高于单纯的前后院的类型。再看现代中式住宅组内院落耦合度较高

的样本：M－03a（第五园）、M－06b（金域华府）、M－09b（桃李春风）、M－09c（桃李春风）、M－10（临沂桃花源）、M－12（桃源小镇）的院落耦合度值都超过了 0.8，其中 M－03a（第五园）、M－09b（桃李春风）、M－09c（桃李春风）、M－10（临沂桃花源）呈现出"匚字"或"E 字"的形态，内外空间密致交错，与江浙传统民居空间配置颇为类似。

通过对现代中式住宅样本院落耦合度指标整体分布水平的评定，取四分位数[11] $P25\approx0.6$ 作为该指标的下限标准值（standard value），$P75\approx0.8$ 作为该指标的下限优值（excellent value），以此衡量、估测、检验待研究对象的院落耦合程度。

② 环圈度方面，研究组和参照组的差异显著，两者均值相差 0.2 左右。同时还可以发现，现代中式住宅的环圈度和项目时序有一定的正相关性，在 2016 年以前的项目中，多数样本的环圈度都小于均值 0.335，而在 2016 年以后建的项目，绝大部分的环圈度都大于均值 0.335。由此反映出，建筑师有意识地把江浙传统民居的回游性运用于现代中式住宅是一个渐进探索的过程。环圈度的峰值 0.588 0 出现在 M－04（上海九间堂）中，却在 M－09a（桃李春风）中最接近 0.5。虽然近二三年建成的中式住宅项目都维持了较高的回游性能，但距离江浙传统民居高达 0.508 9 的均值仍存在着一定的落差。江浙传统民居的高环圈度得益于其廊与院错综交织、多开口的设置以及房间的互相穿套，这些特征很难显性地转译成可视的手法，但仍可以总结出一些抽象的主导模式，我们将在下一章中探讨。

通过对现代中式住宅样本环圈度指标整体分布水平的评定，取四分位数 $P25\approx0.23$ 作为该项指标的下限标准值，$P75\approx0.37$ 作为该项指标的下限优值，以此衡量、估测、检验待研究对象的空间回游性能。

③ 标准深度比方面，研究组数值要明显高于参照组，两者差异是五项指标中最大的。根据 3.4 节给出的定义，标准深度用于描述空间序列性的组织程度。虽然我们印象中的传统民居或许是"庭院深深深几许"的深宅大院，但是数据表明，江浙传统民居的空间反倒是很"浅"的，即便是标准深度比最大的 T－07（叶桐住宅）也远小于现代中式住宅在该指标下的均值。典型的，在 M－03a（第五园）中，一条从前院出发途经玄关→走廊→餐厅→阳台的强序列性路径贯穿整个平面的组织，其标准深度比接近 0.8。通常认为，较大的深度映射出较高的隐私需求和准入控制性机制。固然当代居住模式有一定的私密性要求，但总体的设计趋势是走向开放、促进交往，没必要在外部抵达室内房间的过程中设置重

重阻隔，这类做法不但会导致日常起居流线的无效延长，而且对极端情况（火灾等）下的疏散逃离造成严重的影响。

通过对现代中式住宅样本标准深度比指标整体分布水平的评定，取四分位数 $P75 \approx 0.8$ 作为该项指标的上限标准值，取四分位数 $P25 \approx 0.6$ 作为该项指标的上限优值，以此衡量、估测、检验待研究对象的空间序列性。

④ 全局整合度方面，研究组和参照组的均值非常接近，都在 1.0～1.1 的区间，贴近钻石模型的标准整合度。经验表明，一般住宅建筑的全局整合度要略高于 1.0，契合两组样本的计算结果。全局整合度反映了内部所有空间互相关联的紧密程度，属于非预测型的数值指标，即无法像其他指标那样直观地显现在平面图上，因此不便于在设计过程中实现控制，只能通过结果的反馈来进行调整。较低的整合度表明空间结构松散，和江浙传统民居的组构逻辑存在偏差。以全局整合度最低的样本 M－09b（桃李春风）为例，南侧的卧室功能团块及其附属院落和北侧核心部分之间无法通过室外院落联系，只能从单侧走道绕行，导致整合度数值的下降。当然，全局整合度未必是越大越好，因为过度紧凑凝聚的空间结构很可能酿成空间体验的单调，也不符合当代住宅设计规范对动静、公私分区的基本要求，当全局整合度超过 1.3 时需要适当地降低。

通过对现代中式住宅样本全局整合度指标整体分布水平的评定，取四分位数 $P25 \approx 0.9$ 作为该项指标的下限标准值，取中位数 $P50 \approx 1.0$，作为该项指标的下限优值，以此衡量、估测、检验待研究对象的空间集成性能。

⑤ 链接度方面，取得的试验结果和之前的预期恰好相反，根据前文 2.2.1 节的观察，我们推测交通空间在江浙传统民居的空间组织中起到贯穿全局的骨架性作用，意味着链接度应该是比较高的。然而实际上，参照组的链接度均值反而低于研究组约 0.22，差异还不算微小，并非误差引致的偶然。问题的关键在于如何认识和把握交通空间在传统民居呈现出的形态，廊道在几乎所有民居样本中无疑是空间系统中作为骨骼的架构要素而凸显的，但是我们不能忽视其绵密而庞大的数量占比。考虑到链接度的计算在分母上需要除以交通空间的数量以消除规模的影响，江浙传统民居样本的链接度必然受到数量的牵制，因此稳固在 1.25 上下小幅度波动。相反，现代中式住宅的交通空间数量普遍较少，承担的联通性能良莠不齐，故研究组的链接度数值稳定性差。其中链接度最大的样本 M－05（上海第五园）仅有一处交通空间，为强联通类型；链接度最小的样本 M－15b（云林春风）同样只有一处交通空间，为弱联通类型。上述两极端都违背了传统民居的交通组织模式，在设计中应该尽量避免。

通过对现代中式住宅样本链接度指标整体分布水平的评定，取 1.0～1.5 为标准区间，取 1.2～1.4 为最优区间，以此衡量、估测、检验待研究对象中交通空间承担的结构性能。

3.6 现代住宅中式匹配度的分值评价体系

为了全面地考察、评析现代中式住宅在空间层面与传统民居之间的匹配度，需要综合上述五项空间属性指标，构建标准化的考核评分体系。由于这五项指标均为无量纲的比例数据，并且正逆向度各异(有的为越大越好，有的为越小越好，有的为中间好两端不好)，出于度量的便宜性，本书采用五分制的评定办法来映射原指标数据。具体规则是：针对每一项指标分别制定谷值和峰值，对应 0 分和 5 分，所有位于中间的值通过线性变换得到评分，低于谷值或高于峰值的仍然取 0 分或 5 分(表 3-6)。

表 3-6 五项空间属性指标的评分转换规则

项目	院落耦合度		环圈度		全局整合度		标准深度比		链接度	
	谷值	峰值	谷值	峰值	谷值	峰值	谷值	峰值	谷值	峰值
原值	0.5	1	0.1	0.6	0.6	1.1	0.5	0.9	0.8(左) 1.8(右)	1.25
评分值	0	5	0	5	0	5	0	5	0	5

进一步定义目标函数——中式匹配度(M_{ch})，以表征现代中式住宅与江浙传统民居在空间拓扑属性层次的吻合程度，它由五项空间属性指标经评分转换后线性加权组合求得：

$$M_{ch}=\omega_1 \cdot G_Y+\omega_2 \cdot G_R+\omega_3 \cdot G_I+\omega_4 \cdot G_S+\omega_5 \cdot G_C \qquad (3-13)$$

式中，G_Y、G_R、G_I、G_S、G_C 分别为院落耦合度、环圈度、全局整合度、标准深度比和链接度经过五分制转换后的得分值；ω_1、ω_2、ω_3、ω_4、ω_5 为各得分因子对应的权重系数，$\sum_{i=1}^{5}\omega_i=1$。

本书采用层次分析法(Analytical hierarchy process, AHP)确定各因子的权重，层次分析法的基本原理是首先划定各相互联系因素的有序层次，再对每一层次的各因素两两比较，以半定量的方式给出相对重要性，形成判断矩阵，最后计算出权重值。中式匹配度只涉及一个中间层，因此操作执行起来也比较简单。用综合评价辅助软件 yaahp 计算出的权重系数结果见表 3-7。

表 3-7 各因子的权重系数汇总表

评价因子	ω_1	ω_2	ω_3	ω_4	ω_5
权重系数	0.395 5	0.239 8	0.067 9	0.115 2	0.181 6

基于上述评价准则，换算表 3-4 中 24 个现代中式住宅样本的五项空间属性数值成相应的分值，将其进行线性组合求得中式匹配度，并升序排列样本结果（表 3-8），同时用雷达图展示各样本的各项得分情况。结果表明，所有试验样本的中式匹配度的均数（2.37）和中位数（2.36）非常接近于满分值（5.0）的一半，其中约 71%个体的中式匹配度集中位于 2.0 至 3.0 之间，数据的分布大致对称，偏态不明显，这从侧面印证了中式匹配度函数的构造能产生统计学的意义。

表 3-8 样本中式匹配度考核评价雷达图

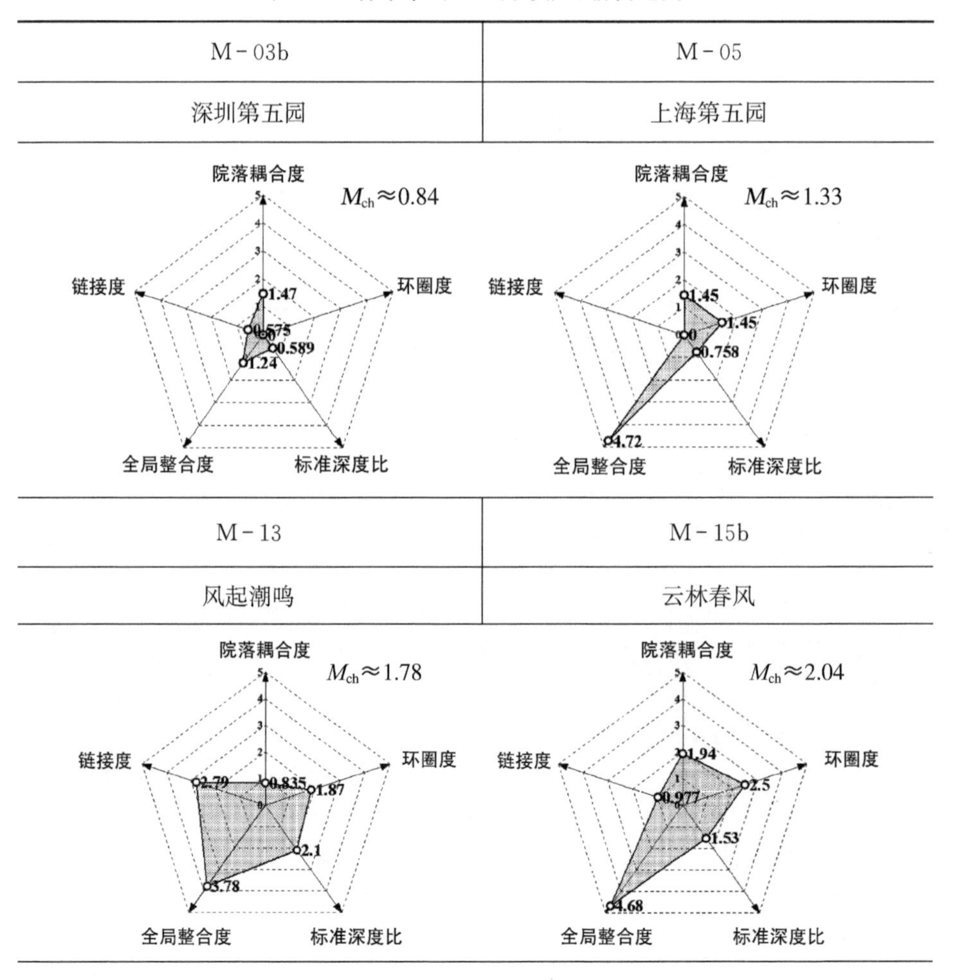

M－03b	M－05
深圳第五园	上海第五园
M－13	M－15b
风起潮鸣	云林春风

（续表）

M－08	M－16
苏州桃花源	枫桥印象
院落耦合度 $M_{ch}\approx2.08$ 链接度 2.74 0.236 3.569 环圈度 2.55 5 全局整合度 标准深度比	院落耦合度 $M_{ch}\approx2.10$ 链接度 环圈度 2.34 1.03 2.14 3.56 5 全局整合度 标准深度比
M－15a	M－11
云林春风	云栖桃花源
院落耦合度 $M_{ch}\approx2.12$ 链接度 环圈度 3.72 1.07 2.67 1.65 2.85 全局整合度 标准深度比	院落耦合度 $M_{ch}\approx2.14$ 链接度 环圈度 1.66 1.87 1.57 3.69 5 全局整合度 标准深度比
M－03a	M－14a
深圳第五园	东梓关回迁农墅
院落耦合度 $M_{ch}\approx2.38$ 3.62 链接度 环圈度 1.10 3.45 4.32 全局整合度 标准深度比	院落耦合度 $M_{ch}\approx2.21$ 链接度 环圈度 2.56 1.36 2.4 2.5 5 全局整合度 标准深度比

（续表）

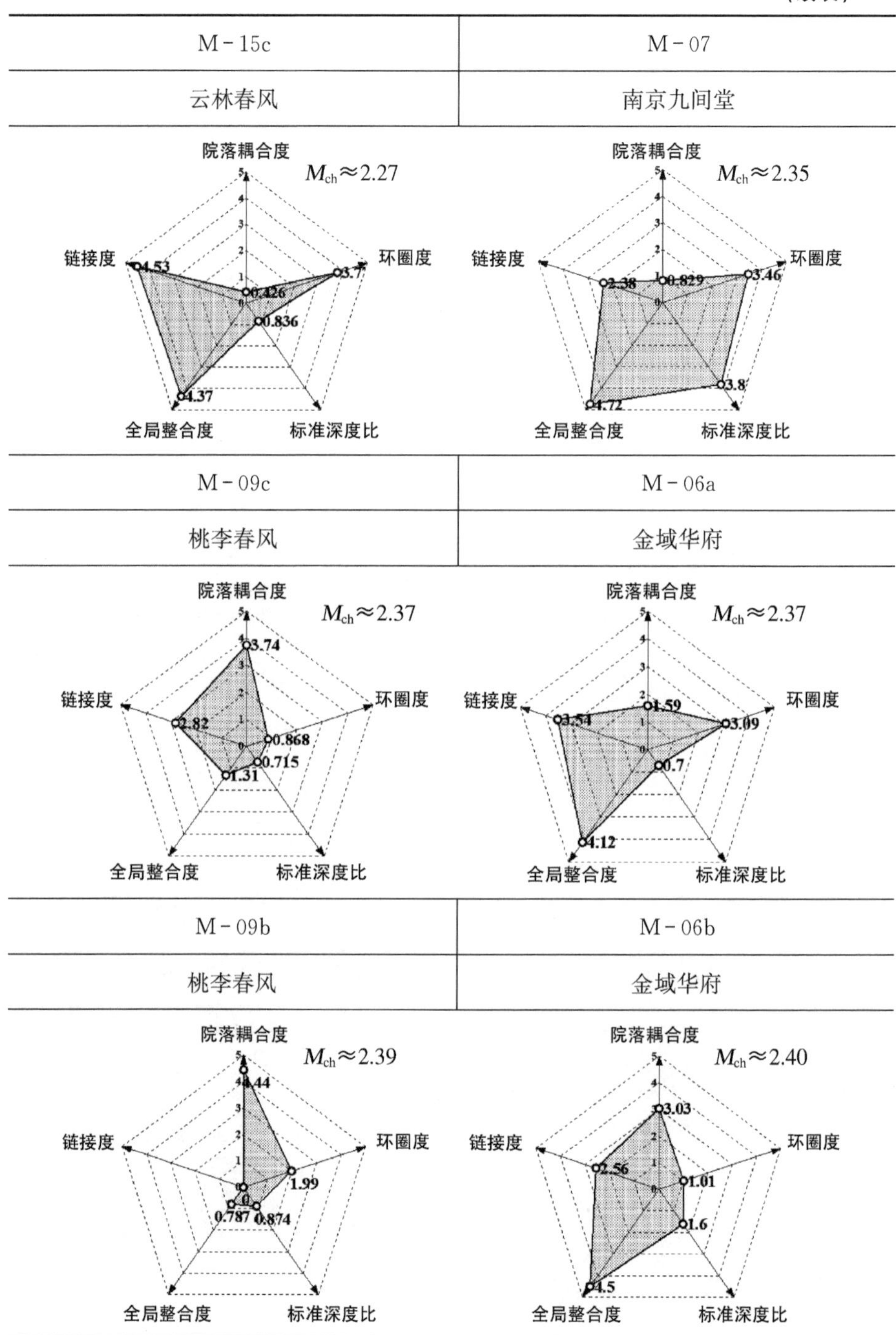
M－15c
云林春风
院落耦合度
M_{ch}≈2.27
环圈度
标准深度比
全局整合度
链接度
4.53
3.7
0.426
0.836
4.37
M－07
南京九间堂
院落耦合度
M_{ch}≈2.35
环圈度
标准深度比
全局整合度
链接度
2.38
0.829
3.46
3.8
4.72
M－09c
桃李春风
院落耦合度
M_{ch}≈2.37
环圈度
标准深度比
全局整合度
链接度
3.74
2.82
0.868
0.715
1.31
M－06a
金域华府
院落耦合度
M_{ch}≈2.37
环圈度
标准深度比
全局整合度
链接度
1.59
3.54
3.09
0.7
4.12
M－09b
桃李春风
院落耦合度
M_{ch}≈2.39
环圈度
标准深度比
全局整合度
链接度
4.44
1.99
0.787
0.874
M－06b
金域华府
院落耦合度
M_{ch}≈2.40
环圈度
标准深度比
全局整合度
链接度
3.03
2.56
1.01
1.6
4.5

（续表）

M－14b	M－02
东梓关回迁农墅	庐师山庄
$M_{ch}\approx2.45$ 院落耦合度 1.67 环圈度 3.8 标准深度比 3.39 全局整合度 5 链接度 0.793	$M_{ch}\approx2.47$ 院落耦合度 2.06 环圈度 1.66 标准深度比 3.79 全局整合度 4.32 链接度 2.9
M－01	M－09d
云间水庄	桃李春风
$M_{ch}\approx2.71$ 院落耦合度 2.3 环圈度 2.54 标准深度比 4 全局整合度 5 链接度 2.16	$M_{ch}\approx2.85$ 院落耦合度 2.85 环圈度 3.12 标准深度比 2.01 全局整合度 3.07 链接度 2.92
M－09a	M－10
桃李春风	临沂桃花源
$M_{ch}\approx3.08$ 院落耦合度 2.64 环圈度 3.[illegible] 标准深度比 2.06 全局整合度 4.03 链接度 3.25	$M_{ch}\approx3.12$ 院落耦合度 3.57 环圈度 1.99 标准深度比 2.16 全局整合度 4.26 链接度 3.81

（续表）

M-12	M-04
桃源小镇	上海九间堂
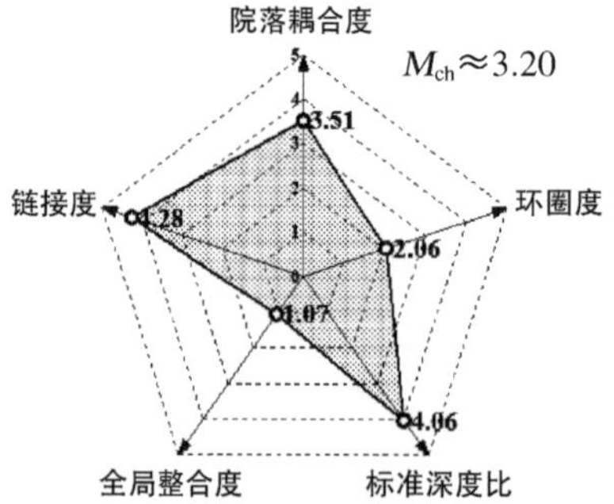 院落耦合度 3.51；环圈度 2.06；标准深度比 4.06；全局整合度 1.07；链接度 4.28；$M_{ch}\approx3.20$	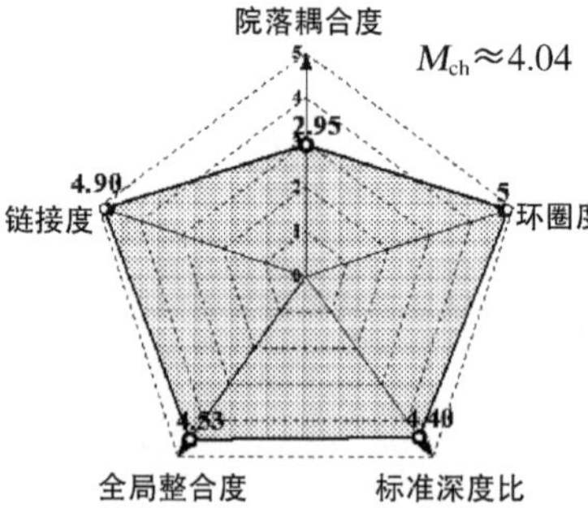 院落耦合度 2.95；环圈度 5；标准深度比 4.40；全局整合度 4.53；链接度 4.90；$M_{ch}\approx4.04$

从建筑学的视角审视，我们观察中式匹配度得分较低（小于 2.0）的样本 M-03b、M-05、M-13：在 M-03b 的平面中南北向只有一处与客厅形成关联的前院以及与餐厅关联的阳台，其余所有功能空间都是较为封闭的，此外整体空间的组织逻辑是树型串接，无任何回游性；M-05 尽管在中间设置院落，但在面向厨房和客厅的墙面上均未开窗，造成空间感知上的阻隔，另外一条直通走廊承担起所有内部交通也是传统民居不曾出现的类型；M-13 属于典型的“院-宅-院”三段划分模式，且中段部分进深较大，存在明显地内外割裂问题。以上三者的空间设计在诸多方面与传统民居的空间形制出现分歧甚至背离，是后续现代中式住宅设计中值得警惕和检视的。

反观中式匹配度得分较高（大于 3.0）的案例 M-09a、M-10、M-12、M-04，它们都拥有至少一个与室内紧密联系的中心院落、多条连接廊道以及总体程度较高的环通回游性等，各项指标得分大多超越均值。中式匹配度最高的是上海九间堂项目，4.04 的得分远远高于其他样本，原因一方面在于九间堂的规模很大，甚至超过一般传统民居的规模，因此受功能、经济的束缚相对小得多，易于重建传统规制；另一方面，上海九间堂由著名设计师张永和、俞挺等参与设计，且获得了矶崎新的肯定[34]，不可否认其具备较高的水准。以上案例都可兹后续设计参照和借鉴。那些评分处于中间的样例在某些方面吻合了传统民居的空间形制，但或多或少存在其他方面的短板，阅读这些案例需要结合雷达图的得分形态，发掘其中空间策略的优势项而摈弃劣势项，选择性地汲取和镜鉴。

建立中式匹配度评分体系的意义主要在于两个方面：①实现针对性的量化评价：通常建筑评论是全景式的评判考察，伴随着因面面俱到而存在重点缺失或顾此失彼的风险。本书的研究以住宅空间实现中式特征的程度切入，在限定性的语境中结合拓扑量化的技术手段对现代中式住宅和传统民居的空间进行特征识别与比对，提炼出五项核心的空间属性指标，运用数理统计的方法构建中式匹配度作为目标函数。因此，该评分体系可以为一般的现代中式住宅评论提供基于建筑学意义上的、衡量其空间中式程度的客观依据，弥补模棱两可的主观叙述。②设计阶段的导控修正：对于建筑师而言，可以通过计算初步的现代中式住宅方案的匹配度评分状况，比照与优秀样本或预期值的落差，从而对户型平面进行适当的且有针对性的优化调整，经过多轮修正最终吻合传统民居的空间特质。在匹配度支持下的中式创作具有接轨实际、目标性强、宜于操控的天然优势和现实意义，作为一种基础的数字设计方法探索，具有广阔的前景。

值得澄清的是，中式匹配度高并非是严格意义上该项目融汇传统空间要义的充要条件，建筑学的学科属性决定了它必然带有主观色彩和创作上的自由度，仅依赖数学分析肯定不足以在方法论层面指导中式住宅的设计创作。因此下一章中，我们将会引入建筑类型学的思考范式并结合实际创作案例，探讨现代住宅中式化的总体思路、生成路径和优化措施。

注　释

① 这是相对于作为关系的空间而言的，如果物理的空间是有序性的系统那么作为关系的空间则是复杂性的系统，关于复杂性的理论可以参见物理学家默里·盖尔-曼(Murry Gell-Mann)的精彩论述。

② 从身体感知层面解读空间问题是最普遍、最流行的范式，它可以从单一空间推广到多空间，对直观地欣赏描述或提供表层的设计策略都有很大的帮助，国内老一辈学者彭一刚的《建筑空间组合论》就是利用这种方式研究的典型。

③ 现象学提倡从身体的直觉去探索空间的本质，作为一种阅读建筑和引导设计的方法充满了足够的诗意和遐想，但是它需要调动人的感性和灵性的层次，用梅洛·庞蒂的话来说——先于科学解释之前的经验基质。一定程度上，现象学与分析性的科学手段是相背离的。

④ 伯努利效应是流体力学中的一个定律，由瑞士流体物理学家丹尼尔·伯努利于1738年出版的*Hydrodynamica*，描述流体沿着一条稳定、非黏性、不可压缩的流线移动行为，当流体速度加快时，物体与流体接触的界面上的压力会减小，反之压力会增加。

⑤ 同济大学人文学院哲学系教授曾亦从文献分析的角度梳理并佐证了中国古代家庭

结构主体为“五口之家”的观点，但实际上并没有统计学的依据，因为当今已经无法采集到古代家庭构成的真实数据，只能从大量留存民居普遍的规模中大抵确认这一人口规模的确凿性。可以参见儒家网刊载曾亦的“五口之家”——论中国古代家庭之结构与规模，原文载于《中国社会思想及其现代性——中国社会思想史论集》。

⑥ 离散系统是具有可数状态的系统。离散系统可以与连续系统形成对比，连续系统也可以称为模拟系统。最后一个离散系统通常用有向图(oriented graph)建模，并根据计算理论分析其正确性和复杂性。由于离散系统的状态数是可数的，所以可以用精确的数学模型来描述。

⑦ 以社会属性作为区分标准主要应用于住宅或聚落等领域行为明显的微观层面分析，不适用于覆盖面广阔的城市空间，城市空间一般用可视范围作为标准。

⑧ 实际上数学领域中的图论要远早于 20 世纪中叶的结构主义思潮，一般认为，数学家莱昂哈德·欧拉(Leonhard Euler)于 1736 年出版的关于柯尼斯堡七桥问题的论文是图论领域的第一篇文章，在 19 世纪研究的范式已经非常成熟。

⑨ 注意邻接矩阵和前文的邻接图完全是两个不相干的概念，邻接矩阵是描述所有“图”的一种矩阵，而邻接图是 Steadman 为表达建筑中空间的相邻关系而创制的。

⑩ P-P 图是根据变量的累积比例和指定分布的累积比例之间的关系所绘制的图形。若数据服从指定的其项分布，则图中的数据点和理论值(对角线)基本重合，即通过 P-P 图检验。

⑪ 四分位数(Quartile)是统计学中分位数的一种，即把所有样本数据从小到大排列并分成四等分，处于三个分割点位置的数据就是四分位数，分别为下四分位数 P25、中位数 P50 和上四分位数 P75。

参考文献

[1] 赛维.建筑空间论——如何品评建筑[M].张似赞，译. 北京：中国建筑工业出版社，2006：16.

[2] BROADBENT G, BUNT R, JENCKS C. Signs, Symbols, and Architecture [M]. Bath: The Pitman Press, 1980：12-13.

[3] HERRMANN W. Laugier and Eighteenth Century French Theory[M]. London: A. Zwemmer. Ltd . 1962: 48.

[4] 周英雄.比较文学与小说诠释[M].北京：北京大学出版社，1990：10-12.

[5] 袁可嘉.西方结构主义文论的成就和局限[J].文艺研究，1986(4)：112-118.

[6] HILLER B, HANSON J. The Social Logic of Space[M]. New York: Cambridge University Press, 1984: 26-32.

[7] MARCH L, STEADMAN P. The Geometry of Environment: An Introduction to Spatial Organization in Design[M].Cambridge: MIT Press, 1971: 8.

[8] HANSON J. Decoding Homes and Houses[M]. Cambridge: Cambridge University Press,1998: 24-26.

[9] 希利尔.空间是机器:建筑组构理论[M]. 3 版.杨滔，张佶，王晓京，译. 北京:中国建筑工业出版社，2008:51.

[10] ALTMAN I, CHEMERS M. Culture and Environment[M].Wisconsin: Cole Publishing Company, 1980:155-156.

[11] 崔昆仑，徐颖. 传统民居中的模糊空间[J]. 浙江建筑，2011，28(5):1-5.

[12] 钱江林.建筑视觉与空间塑造:从徽州民居天井的视线分析谈起[J].建筑知识,2005(1): 17-20.

[13] 杨兰英. 关于徽州"天井"建筑空间设计的思考[J].安徽建筑工业学院学报(自然科学版)，2009,17(3):33-36.

[14] 刘成. "万殊之妙,共枝别干":江南地区传统民居天井尺度之地域性差异探讨[A].中国建筑学会建筑史学分会、华南理工大学建筑学院.《营造》第五辑——第五届中国建筑史学国际研讨会会议论文集(下)[C].中国建筑学会建筑史学分会、华南理工大学建筑学院:中国建筑学会建筑史学分会,2010:11.

[15] 邓涛,李映彤.天井空间的生态营造研究[J].设计,2017(5):150-151.

[16] 梁思成.梁思成文选:第四卷[M]. 北京:中国建筑工业出版社，1984:340.

[17] 赵辰.中国木构传统的重新诠释[J]. 世界建筑，2005(8):37-39.

[18] 石红超.浙江传统建筑大木工艺研究[D].南京:东南大学,2016.

[19] 朱光亚.中国古代木结构谱系再研究[A].中国建筑学会建筑史学分会、同济大学全球视野下的中国建筑遗产:第四届中国建筑史学国际研讨会论文集(《营造》第四辑)[C].中国建筑学会建筑史学分会、同济大学:中国建筑学会建筑史学分会,2007:6.

[20] 王骏阳. "建构"与"营造"观念之再思:兼论对梁思成、林徽因建筑思想的研究和评价[J]. 建筑师，2016(3):19-31.

[21] 闫磊."文化":社会学视角下的概念分析[J]. 湖北函授大学学报，2010，23(1): 125-127.

[22] 李泽厚.中国古代思想史论[M]. 北京:人民出版社，1986:8-9.

[23] 丁俊清.江南民居[M]. 上海:上海交通大学出版社，2008:112.

[24] 孙旭鹏.荀子"群居和一"的政治哲学研究[D].南京:东南大学,2016: 28-29.

[25] 诺伯格-舒尔茨. 西方建筑的意义[M]. 李路珂,欧阳恬之,译. 北京:中国建筑工业出版社，2005: 60-76.

[26] 余莲.势:中国的效力观[M].卓立,译. 北京:北京大学出版社，2009.

[27] 丁俊清.江南民居[M]. 上海:上海交通大学出版社，2008:113.

[28] 秦岭.先秦方位礼仪蕴含传统文化解析[J].西安文理学院学报(社会科学版),2018,21(6):22-26.

[29] 戴尔顿. 空间句法与空间认知[J].窦强，译. 世界建筑，2005(11)：41-45.
[30] 邦迪，默蒂.图论及其应用[M]. 吴望名，译. 北京：科学出版社，1984：1-3.
[31] 希利尔.空间是机器：建筑组构理论[M]. 3版.杨滔，张佶，王晓京，译. 北京：中国建筑工业出版社，2008：12.
[32] STEADMAN P. The Automatic Generation of Minimum-standard House Plans [M]. New York：Cambridge University Press，1970：8-14.
[33] HILLER B，HANSON J. The Social Logic of Space [M]. New York：Cambridge University Press，1984：108.
[34] 古春晓. 传承与创新：现代中式建筑"九间堂"引出国际论题[J]. 建设科技，2004(14)：34-35.

4 策略:住宅中式化的空间策略和优化措施

建筑是一门根植于理性的艺术。

——[英]比尔·希利尔

本章基于前文对现代中式住宅的思辨与评析,从研究者逐渐切换到设计者的视角,探讨在思维模式与策略方法上实现住宅空间设计中式化的可能性。尽管建筑学被称为是一门跨越理性推理与艺术直觉的学科,但两者的界限和机制始终没有得到清晰的解释。我们必须直面这个问题,探求设计构思产生过程中两个独立领域主导的作用范式,力图将住宅中式空间设计的全过程尽可能地纳入可以言表的理性轨道。

4.1 面向设计过程的空间类型学

4.1.1 设计的黑箱

行文至此,我们关注的对象(不论当代住宅或传统民居)始终是尚已存在的建筑对象或者成型的设计方案,尝试从客体传递的信息中界定、提炼、总结出规律或范式,从而积累起关于特定对象的专类知识。这种由具象实体导向抽象法则的思维活动被普遍地认为是较严格意义下的学术研究,不论是主观经验性的论述抑或客观实证性的试验,都存在着清晰的问题对象、限定的考察视角、成熟的理论方法,通过界定、分类、归纳、评价等一系列完善的流程,最终呈现为可信的知识类文本。

然而,一个建筑学中不可或缺的部分还未被论及,也经常被学术研究刻意地回避,它正是上述研究的逆过程——设计。在全球范围内,关于建筑设计本身的研究是非常薄弱的,这几乎是不争的事实,主要体现在如下两个方面:①现阶段,尽管人工智能已经全面覆盖数学、物理、经济、语言等诸多领域,但是人们对设计思维的过程至今仍然无法做出令人信服的解释,因为设计思维不像逻辑推理那样具有唯一解,而且比语言这类具有明确规则的课题也复杂得多,它常常表现为发散的、繁复的、无限的。②设计是从抽象的概念、法则、信息生成建筑实物（或实物的投射），恰恰与分析性的学术研究（由实体导出原则）互反，人们对此还缺失完善的研究方法和知识系统。为了将设计有效地纳入学术化体系，当下有两种常见的倾向：第一种是简单套用既定的纯研究方法，此方法或许在科学性上无可挑剔，但可能结论毫无见地，存在着脱离设计学科核心价值的风险；第二种更为常见的策略则是采取建筑评论的路数，即试图用语言来刻画设计，常常夸张、散漫，有陷入云山雾罩式的玄论和说明书、广告等非知识类文字的风险[1]。

总之，设计过程似乎成为说不清也道不明的黑箱（black-box），我们能够知道的仅是输入的信息和输出的结果，但难以解析作为过程的设计，只能将其归咎于某种意向或直觉。这一暂且的事实制造了建筑设计和建筑理论之间难以逾越的鸿沟，毫无疑问地违背了设计学科学术化的趋势，也无法被致力于将设计纳入理性轨道的研究人员所接受。20 世纪 60 年代以后，国外一些学者开启了对设计黑箱的探索，试图攻克其中的奥秘，最具代表性的当属克里斯托弗·亚历山大（Christopher Alexander）一系列跨越建筑、城市和社会的实证研究工作，亚历山大出版于 1964 年的著作《形式综合论》（*Notes on the Synthesis of Form*）严格地构想了一种将设计作为程序的方法。有趣的是，这本书在计算机科学领域激起的讨论和后续影响或许远远超过建筑学科[2]，亚历山大的思想被图灵奖得主 Peter Naur（彼得·诺尔）等人直接应用于面向对象的编程语言开发。

之所以重提时隔近六十年前亚历山大被低估的理论建树，并非表明他已成功地突破了设计黑箱的迷雾，目的在于揭示一种可能的切入路径，它完全诉诸“分拆—综合”（analysis-synthesis）的理性逻辑，成为把混沌性的设计描述为算法（algorithm）的有力工具。另一方面，这一理论前半部分的分拆一直是前文研究从中式地产到现代中式空间所贯彻的方法，现在我们需要将其上升到方法论的层级，并结合“综合”的逻辑，至少从学理的角度探析被直觉化了的设计过程，即使目前的技术尚不足以支持智能模拟或应用，下文也会对未来的研究前景进行展望。

4.1.2 分类与综合

在亚历山大看来，一切的设计任务无外乎把需求的集合转化为对应于实际状况的图解，他将此分为两个互相关联且等级分明的概念图示（图 4-1），左侧被称为提纲（program），它自上而下地展开对需求集合的分析，其中包含了若干层次化且能不断细分的子集（subset）；右侧被称为实现（realization），由金字塔底层的基本元素往上一层层进行整合形成最终的设计方案。我们总是习惯于把研究归于前者而把设计归于后者，然而这种武断的硬性切分显然背离了实际情况，因为分析（区隔划分）和综合（组织类并）的思维在建筑学的范畴内必然是合为一契的。站在设计的立场而论，组成上层形式的基本元不可能是无源之水，纵使直觉化的直观联想具有一定的迷惑性，仍然可以相信它来自人脑中无意识（或集体无意识）的分析过程；站在研究的立场而论，则有可能通过层层的分类剖析，将不自觉的、零散的灵感火花组成一个理性的类型系统。如果最底层的基本类型是稳定的，纵使组合的层次很复杂，同一层级的集合元素很繁多，顶层的生成结果必然是可预测、可检索且可还原的，由此，我们在成功地模拟了一个设计黑箱，无论真实的人脑运作是否如此（尚有待时间的检验），至少理论上它是可操作的。

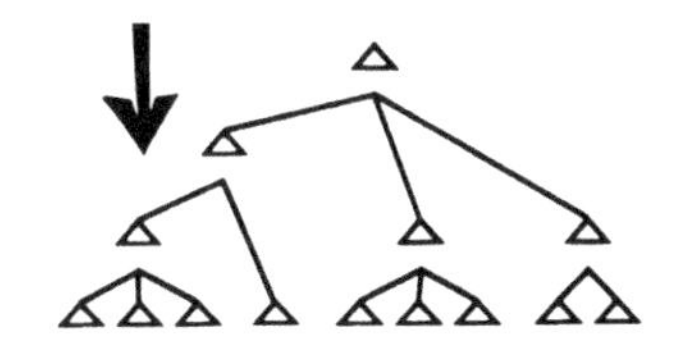
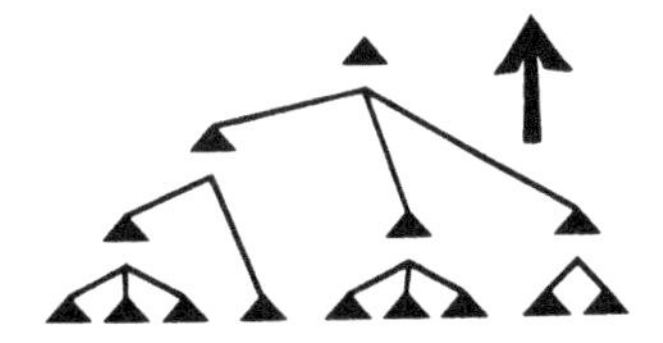

图 4-1　设计的提纲（自上而下）与实现（自下而上）

来源：ALEXANDER C. Notes on the Synthesis of Form [M]. Massachusetts：Harvard University Press，1973：94.52.

显而易见，类型以及有效地分类是上述模拟的设计思维中的核心范畴。美国实用主义哲学家约翰·杜威（John Dewey）认为知识就是分类，若这是句警世的话而非定义，它至少指出了在一些形式的知识中分类的重要性[3]。把建筑视作形式的知识从未引入分类的思想就是建筑类型学（architectural typology），建筑类型学的研究在近代西方学界已经经历了很长一段时期，从托马斯·德·昆西（Thomas De Quincey）到迪朗到卡尔罗·艾莫尼诺（Carlo Aymonino）到阿尔多·罗西（Aldo Rossi）都有探讨。大约在 20 世纪 70 年代的意大利，建筑类型学的理论逐渐走向体系化和学术化，其中公认的代表学者是安东尼·维德勒（Anthony Vidler），他发表在 *Oppositions* 杂志上的一系列的评论文章对建筑类型学的思想进行了详尽的讨论。维德勒把建筑类型学的思想演进划分为 1750—1830 年的第一类型学（原型类型学）、19 世纪以来的第二类型学（范型类型学）以及“二战”嗣后在欧洲大陆涌现出的第三类型学，第一类型学关注建筑的自然始源，第二类型学关注标准化建造，第三类型学以表征前置集体记忆的文脉形式作为类型[4]。

尽管维氏历时性的理论体系堪称细致而严谨，但他是以“导向”而非“对象”来区分上面三种类型学的。只有导向是无法对类型设计的方法给予直接指导，因为诸如到底针对什么分类、分类的基本准则是什么、要如何表示分类的成果等等问题都是模糊且难于回应的。目前建筑类型学的研究仍延续了意大利形态类型（typo-morphology）的传统，“形态”一词涉猎的范围极广，但凡建筑学相关的要素（造型、空间、规划等）大概都能被纳入形态的范畴，导致形态类型学的应用面很广，然效用性却很弱。

本书关注的重点是空间，侧重其组构方面的特征，鉴于此，我们期望能够发展出一套面向设计过程的空间类型学。原则上它是形态类型学的子集，但由于外延相对较小，更易被清晰地指认和界分。空间类型学的运用涵盖了“类型解构”和“类型重组”两个相对独立的过程，类型解构要求从具备完整空间信息的实体对象中抽取客观、稳定的元类型，可以把前述章节的J型图、M型图的研究理解成对单一对象的抽象，而空间类型学则要横向比较多个对象，识别提取同类范式，进一步抽象的结果可以诉诸拓扑或文字的形式传达。在现代中式住宅和传统民居的语境下，这种元类型就是承载着中式性状的“空间基因”，即能够体现中国传统居住精神的、独特的、相对稳定的空间组合模式。

之所以将其类比生物学的“基因”，是因为空间基因拥有与生物基因贴合的四项特征：①潜藏性：空间基因是一种组合的模式，既不是空间本身也不是包裹空间的物质实体，而是不可见的信息单元，正如同生物基因是核苷酸序列而非RNA本身；②可遗传性：空间基因是一个地域独特的自然资源条件、生活生产方式、文化价值信仰长期共同交互的结果，在未受外力冲击的前提下世代相传；③多面相性：同一个空间基因型（genotype）能够表征出诸多现象型（phenotype），它们的尺度、形状、规模可能迥异，但是共享同一套组构逻辑；④不可分割性：空间基因承载信息片段的最小单位，不能继续分割，否则会破坏信息的完整性。

类型重组是直接面向设计的实际操作方法，建筑师将已经识别解构的空间基因作为基础素材，结合具体问题场景综合出设计方案，带有简单趋于复杂的类推特性，符合逐步求精的思维规律。由于建筑是一项系统性的综合工程，牵涉到空间、造型、技术、指标等因素，不是每个部分都能在类型学的框构下独立运作完成的，还需要一套跨专业、跨领域、跨系统的统筹协同机制以解决彼此交叉的问题，目前正在蓬勃发展的 BIM 核心信息平台、IBT 跨学科团队以及并行化操作流程[5]预示了未来基于庞杂类型重组的智能化设计方法论，具有广阔的应用前景。本书仅以中式居住空间的基因型和综合生成的策略手段为例来阐述面向设计过程的空间类型学的内容、方法和实践，亦可以应用到造型等其余方面。

4.2 “基因型”空间驱动的中式户型创作思路和手法

从基因型入手从事现代中式住宅的户型设计有利于推动创作从灵感即兴式向分析研讨式的方向性转变，一方面能够提升大量内部空间平淡无奇、流于形式表皮的中式住宅的创作水准，另一方面能有效规避主观臆想过强、过分强调创造性、强行附会传统的现象，真正实现文脉的传承与发展。透过批判性的视角，本书根据研究过程中收集整理的现代中式住宅样本和江浙传统民居样本为参照，利用文献法、统计法、比较法等研判总结出中式居住空间的四类基因型——中心院落、廊空间、空间回游、前院及入口。

4.2.1 类型一:中心院落

“院”在世界建筑纷繁的现象坐标中都是极为常见的空间类型，无论是东方世界下的传统民居、古典园林，还是西方世界下的明厅式府邸、修道院庭院，作为建筑内部制造外部空间的核心手段，院落几乎具有无可替代的唯一性。然而同为院落，它们在各自时空语境下的使用方式、文化象征、精神态度却呈现出很大的分别与鸿沟，再具体到中国传统民居的范畴讨论，不同的地区也存在着细微的差别。深入地厘清和理解这些差异是创作现代中式住宅的必要前提，否则过于空泛地谈论“院”的概念将沦为毫无意义的形式格套。

北京大学董豫赣曾就界面的开闭和高差的涨落两个直观的感知方面论述了中西庭院的差异，他在 Bernhard schtüz 修道院中发现西方庭院平面向外的封闭性和庭院剖面高差的反常性均与传统中国合院式住宅的格局大相径庭，由此对庭院在希伯来和古代中国两种文化语境下传达的精神气质作了精要的概括——前者是瞻仰围观的肃穆，后者是日常栖居的诗意(图 4-2)[6]。当然，这一结论源自直观的体察与价值研判，建筑师将日常生活的诗情画意融汇到方案设计中，也无从知晓怎样的院落空间就能够萃取密集的身体栖居意象。

图 4-2　中西庭院气质比较(左:艾玛修道院　右:仙居民居)

来源:① 董豫赣. 天堂与乐园[M]. 北京:中国建筑工业出版社，2015：18.
② 丁俊清,杨新平. 中国民居建筑丛书:浙江民居[M]. 北京:中国建筑工业出版社，2009：169.

我们在第三章中曾用院落耦合度对江浙传统民居的院落特性做过数值上的描述,结果显示其数值上高于当代的庭院住宅。虽然研究尚未对东西方各居住形态的院落耦合值进行统计比较,但基本可以预见江浙传统民居的院落耦合值是跻身前列的。究其原因,在于位置经营的中心性、数量规模的密集性和四方界面的开敞性三方面。

(1) 位置经营的中心性:院落的中心性是中国传统民居庭院有别于欧美 18 世纪兴起的帕拉迪奥式府邸与联排别墅(townhouse)最重要的特征,然而当代很多的现代中式住宅设计反而仿效后者,大幅削减了中心庭院的地位,外围和侧置的前后院在数量和面积上都大大超过了中心庭院。不论是苏南地区多“进落”组合的厅堂院落式大屋,还是浙中的十三间头及其变种纵横向组成的封闭大屋(图 4-3),主导型的庭院都居于中心,或依次串接在中轴上。位于中心的庭

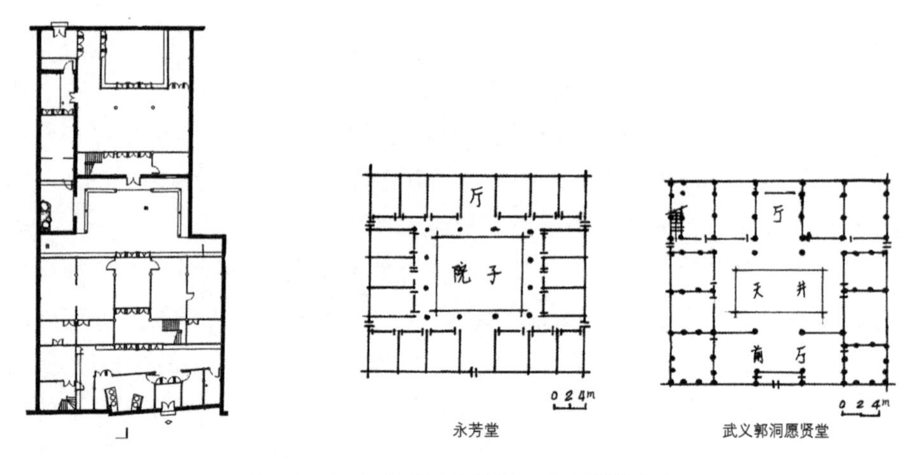

图 4-3　三座典型的江浙民居中心院落空间

来源:①陈从周. 苏州旧住宅[M]. 上海:同济大学出版社，2018：21.
②丁俊清,杨新平. 中国民居建筑丛书:浙江民居[M]. 北京:中国建筑工业出版社，2009：179.

院在拓扑结构中具有多邻接的“核”(core)潜能，能把周边的功能空间凝聚起来，而位于角隅侧置庭院的耦合性则明显下降，二者相应的M型图如图4-4所示。

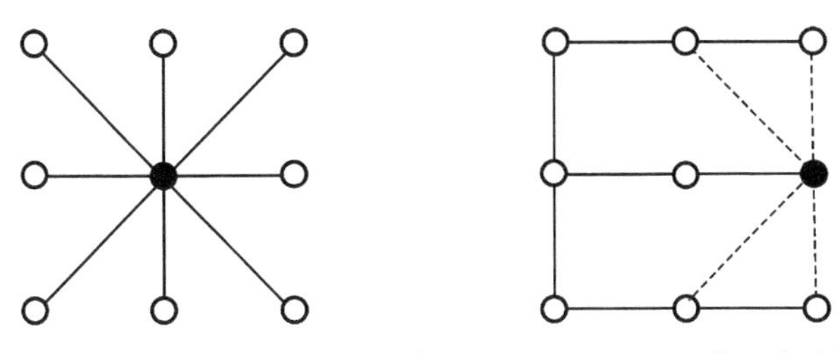

图4-4　中心庭院(左)和侧置庭院(右)的M型图拓扑形态比较

(2) 数量规模的密集性：江浙传统民居遵循“一院一厅”的营建模式。当住宅规模较小的情况下，只有一个厅堂，在其前部设一个三合或四合的中心庭院。稍大一些的住宅会有前厅、轩厅及若干个中厅，对应的会在住宅的各部分嵌置多个庭院，如果算上采光井的话庭院形态更为密集。传统居住空间内外空间的密致交互自然导向了栖居的诗意，成为身体可以展开可行、可望、可居、可游的乐园。而当代的一些中式别墅尽管坐拥大面积的前后花园，指向的却是西方供人观瞻的景观庭院，远离了中国传统日常栖居文化的智识。在规模准许的前提下，本书建议现代中式住宅的院落设计宜多不宜少，宜散不宜聚，宜中不宜偏。

(3) 四方界面的开敞性：天井院落的通透是江浙传统民居醒目的特征，江浙地区气候温和，酷暑、严寒的时节相对岭南、北方少得多。由于古代缺乏人工调控室内温湿环境的技术手段，选择室内向院落开敞成为必要且最优的途径。久而久之，从房间随时进入庭院乘风纳凉或沐浴阳光成为传统古人的生活习性。在大量留存的民居建筑中，与院落毗邻的房间都会设置开向门窗，院北侧的厅也往往是敞厅的形制。

综上所述，根据江浙传统民居中常见的院落形制及其生活使用模式，结合目前为止较为成功的现代中式住宅设计案例，我们提取出中心院落的空间基因应用于住宅创作的三种形态原型(L形、三合院、四合院)及其变体(图4-5)，建筑师可以根据实际场地、功能状况审慎地做出选择。院、宅在纵向上的空间关系宜保持为“院—宅—院……—院”的递进交替格局，尽量避免“前院+室内+后院”的纵向三段式划分，这样可以有效增加院落耦合度的拓扑指标值。另外，在条件允许时应在中心院落的各方位设置开口，分隔界面应选择落地玻璃、木隔扇等通透的材质。

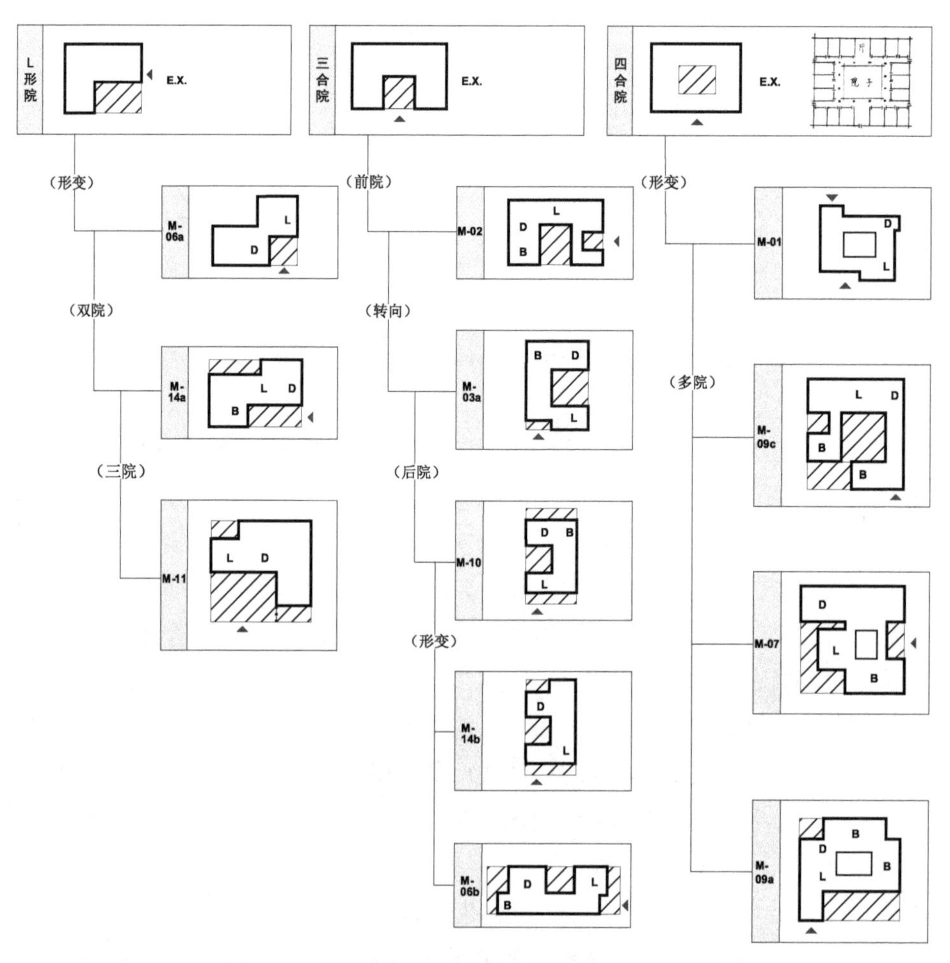

图 4-5　院空间运用于现代中式住宅的基因类型

4.2.2　类型二：廊空间

廊空间在江浙传统民居中出现的频率绝不亚于院空间，或许是习以为常的缘故，它常常被人们不经意地忽视，目前市场上也鲜有将其作为创作概念的中式住宅产品。实际上，廊空间在传统民居的空间架构中扮演着互通互联的结构性角色，前文已使用链接度指标对其进行了一定程度的测度，本节将探讨廊空间作为基因型在传统民居中的表征形态及其运用于现代中式住宅的手段方法。

廊和廊空间是两个易混淆的概念，如果把廊空间狭隘地理解成廊就会限制其在当代的设计演绎、发展。两者的区别或许潜藏在两本中国古代建筑经典古籍的微妙释义中：《营造法式》对廊的解说是“屋垂谓之宇，宇下谓之庑，步檐谓之廊”，而《营造法原》的解释为“廊谓联络建筑物，而以分割屋宇，通行之道”。前者侧重物质的檐廊实体形象，而后者道出了廊作为空间意象的联系性本质，由于《营造法原》系明清江南时期民间木构营建的经验性总结，更契合江浙民居中廊空间的宽泛性使用。廊空间可以拥有独立构筑实体(庑)，但很多情况下就依附在室内成为过廊，承担交通联络之用。在江浙民居中，廊空间有三种常见的类型(表 4-1)。

表 4-1　江浙民居中常见的三种廊空间类型

	围院型	骨架型	独立型
拓扑形态图	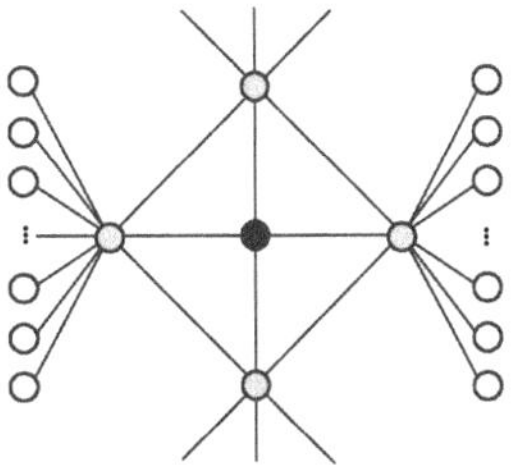	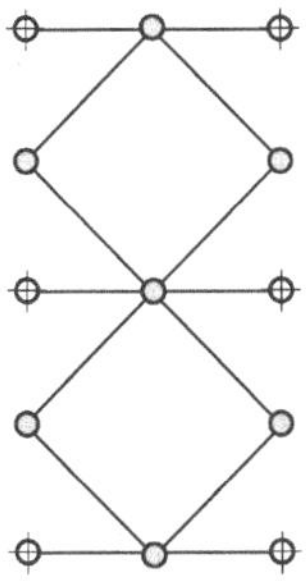	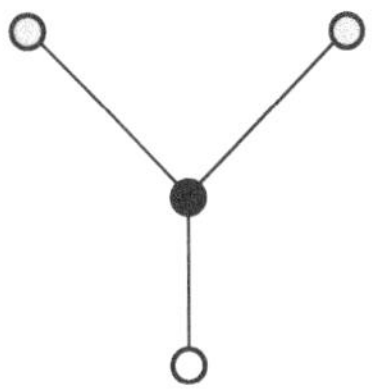
平面形态图	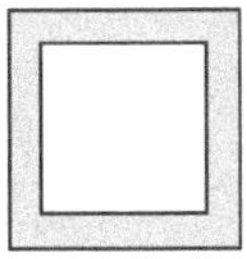	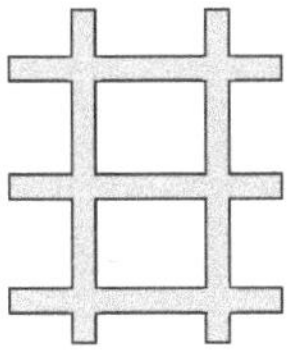	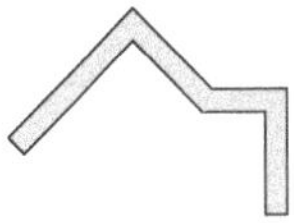

(1) 围院型：环绕着院落、天井四周设置的互相贯通的廊空间，常表现为单坡的檐廊。围院型的廊空间是最为普遍的，因为几乎所有的院都需要室内外的空间缓冲，廊空间则创造了中介(in-between)的层次性效果。因其兼具室内外的二重属性，可以激发居住者的休憩、闲谈、弈棋各种交往行为，身处其间既不会直接遭受日晒雨淋也不会感到沉闷压抑。

(2) 骨架型：这类廊空间是江浙一带民居特有的形制，在其他地域较为少见。之所以形象地命名为骨架，是因为通过这几条为数不多的廊可以通贯绝大部分室内房间，使得同等规模的住宅深度很浅，提升了空间的可达性。在苏南和浙北地区(苏、锡、常、杭、嘉、湖)骨架型的廊空间被称作“备弄”，备弄是在中轴线上正式的院厅交替的流线以外的一侧单独设置的辅助性交通空间，与火巷、甬道等外部空间相比，备弄顶盖多与建筑屋顶共脊，保持着廊的形象[7]。在浙中、浙东地区通常在中轴线两侧和横贯东西方向上分别设置纵横数条廊空间，整体构成“井”字形格局，链接度的值比备弄更高，且端部直接向外开敞。骨架型廊空间狭窄幽长、形态笔直，在中间部分会和围院型廊空间相互叠合，成为关联的整体。

（3）独立型：在一些大型的、附属有独立园林庭院的民居中会出现独立于住宅主体的廊，它们往往结合花木、塘池、台榭等园林景观，以自由曲折的形态呈现。独立型的廊空间不受住宅室内布局的规约，与景观设计关系更密切，可以直观地转译到现代中式住宅的设计中，本书不做展开讨论。

目前市场上流行的中式住宅产品在廊空间的运用方面存在如下一些问题：①户型排布仍延续中小户型“抠面积”的策略，功能房间相互穿套，完全弃用廊空间。当面积受限的情况下实属不得已而为之，一旦面积富余，如何维系空间层面的传统联系应转化为主要矛盾。②只有骨架型廊空间而缺少围院型廊空间，典型的如万科第五园、金域华府等，整个户型内只有一条交通性的廊道串起了所有功能房间，这种情况下链接度的值固然高，却和传统民居的廊空间结构不符。③只有围院型廊空间而缺少骨架型廊空间，典型的如绿城凤起潮鸣、临沂桃花源等，只在客厅和院落交界面上设计了一小段半室外的檐廊，廊空间的比重甚微，链接度相应很低。我们观察图 4-6 四处江浙地区的民居平面，提取其中围院型和骨架型两类廊空间的形态，可以发现两类廊空间均呈现为绵密交织的格局，缺失其中任何一个都会对全局结构造成破坏。因此，在进行现代中

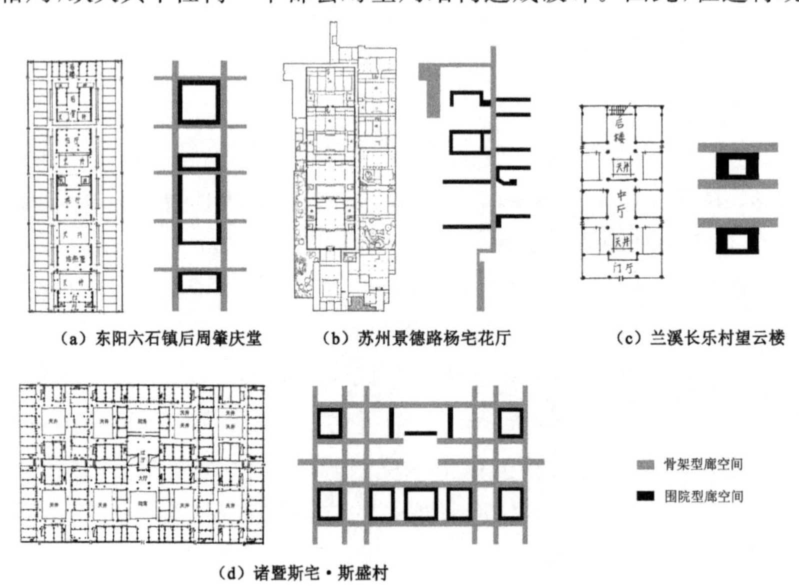

（a）东阳六石镇后周肇庆堂　（b）苏州景德路杨宅花厅　（c）兰溪长乐村望云楼

（d）诸暨斯宅·斯盛村

图 4-6　四处江浙民居廊空间的形态提取

来源：①陈从周. 苏州旧住宅[M]. 上海：同济大学出版社，2018：45.
②丁俊清，杨新平. 中国民居建筑丛书：浙江民居[M]. 北京：中国建筑工业出版社，2009.

式住宅创作时，一定要均衡地处理好、运用好两类廊空间，虽不必死板恪守传统廊空间的形制，但也不应做大幅度的结构性更改或数量削减。将传统的廊空间转译至现代住宅较为成功的案例有南京九间堂、上海九间堂，兼顾且平衡了两类廊空间的运用，和中心庭院的结合关系处理得也较好。

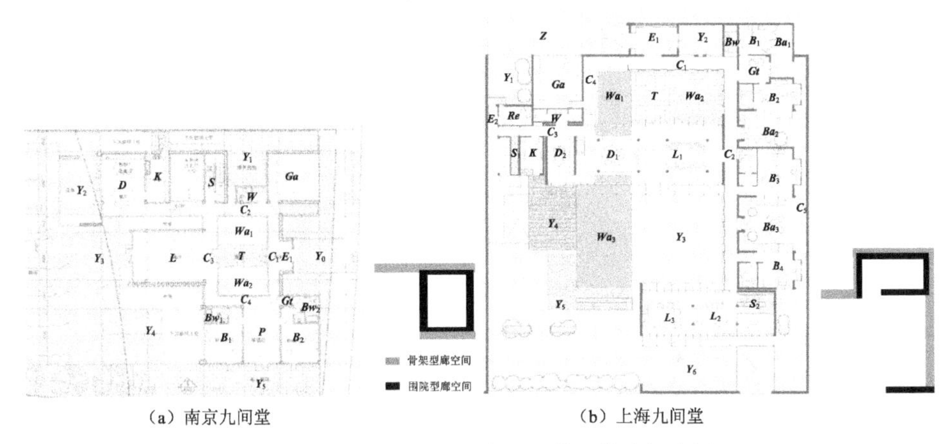

（a）南京九间堂　　（b）上海九间堂

图 4-7　现代中式住宅廊空间基因的演绎实例

4.2.3　类型三：空间回游

“空间回游”亦被称作空间回路或空间环路，指代可以回环往复的，古籍《说文解字》对“回”的解释“回，转也”巧妙地道明了空间回游的实质。观察汉字“回”，如果把里层的“口”视作院落，里外层“口”之间视作四周的环廊空间，一个回游空间的雏形就被构造出来了。有些研究声称回游空间起源于日本[8]，可能忽略了中国江浙传统民居中大量存在的空间回游现象，遗憾的是目前尚无关于中国传统民居中空间回游的文献，有待进一步考证。本书第三章利用环圈度指标实现了空间回游性能的量化测度，并以十个江浙传统民居的样本进行统计描述，结果表明其环圈度显著高于现代中式住宅水平，由此可以认为空间回游是江浙传统民居的一项空间基因。

实际上，已经有不少建筑师在当代住宅设计中有意识地运用空间回游的理念来加强户型的使用效率，但多数集中在中小型住宅、集合住宅、老年住宅等实用型住宅。一方面，空间回游易于创造对开口、多功能、流通性强的复合型空间，因此具有高效性的优势，但更重要的方面其实是来自空间感知层面的，即空间回游能够丰富空间层次，创造出属于东方空间特有的“深度”。因为人在空间回路中体验到的不是单一视角的空间，而是多方位联通、渗透的，使得原本面积不大的室内空间显得格外深远。空间回游要求人在动态的行进中被感知、理解，使人体验到“步移景异”的审美趣味，同时也能增进家庭成员不经意的相会、交流、沟通的机会。

江浙民居的回游空间主要出现在厅堂与房间、房间与房间、房间与天井、廊与天井的交互中，图 4-8 选取了四座江浙民居平面当中回游空间的局部，可以清晰地阅读出其中循环往复的空间特征。由于空间回游需要和住宅户型的室内功能的布置统筹起来考虑，并不能直接把传统民居的回路模式照搬到当代住

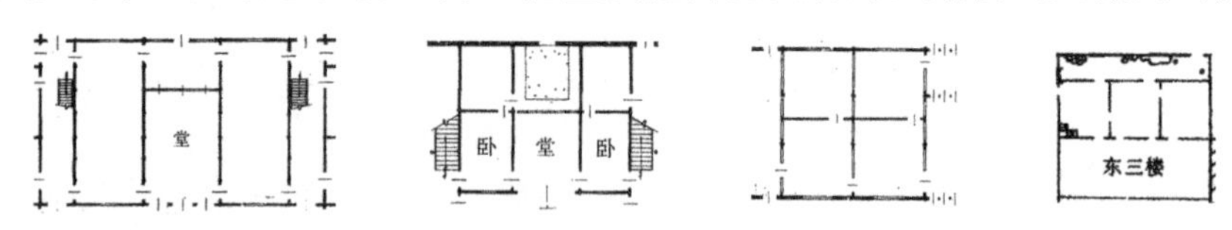

（a）宁波市庄桥镇第六村葛宅 （b）天台县云和乡八村陈宅 （c）余姚县费家市乡某宅 （d）莫氏庄园

图 4-8 四座江浙民居的回游空间片段

来源：丁俊清，杨新平. 中国民居建筑丛书：浙江民居[M]. 北京：中国建筑工业出版社，2009：179 .

宅的空间设计中（如果滥用回游空间会导致私密性受损、流线乱套等问题）。我们针对现代中式住宅中，可实现空间回游的常见功能组合模块，总结出以下八种常见的空间回游组合形式（图 4-9），其中的具体功能可以被灵活地近似替换，但环圈状的拓扑关系保持不变。

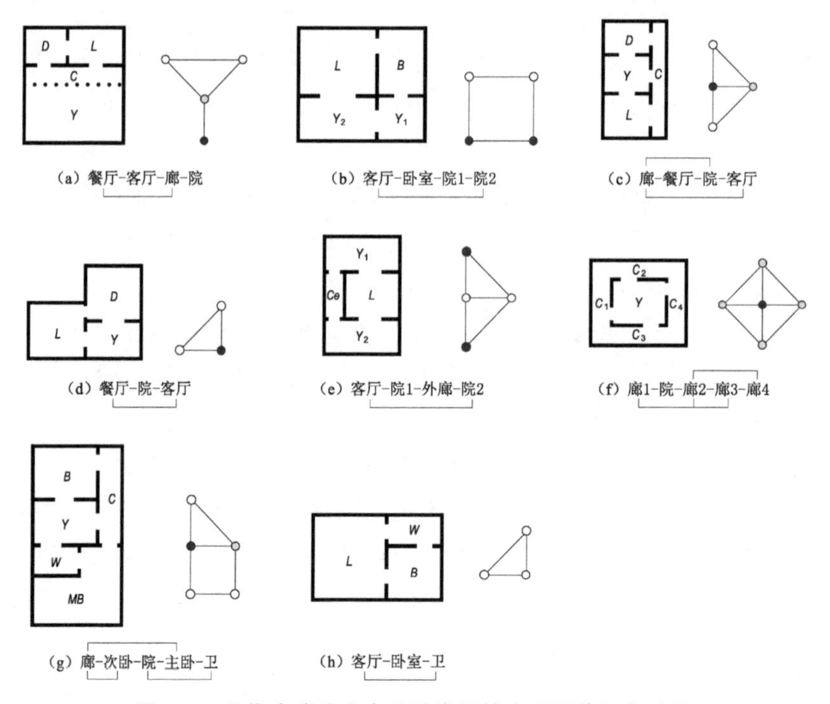

图 4-9 现代中式住宅中八种常见的空间回游组合形式

4.2.4 类型四：入口空间

入口空间是构成建筑的重要组成部分，在江浙传统民居中能起到丰富院落层次、转接内外的作用。入口空间作为住宅的"首段落"，是居民从杂乱的外层空间进入私人空间的第一步，同时也是外部访客进入他人私密领域的前序[9]。传统民居的入口空间既反映了居住者的审美与涵养，也是特定文化观念的表征，可被视作一种重要的空间类型。从外延上区分，入口空间可以分为局部入口空间和整体入口空间[10]。前者是指建筑中院门、门洞、门头等门要素单独形成的空间，后者是包括了门要素、门厅、台门、前院的一系列控制区域及其组合模式，本书着重于探讨后者。

在现代住宅设计中入口空间也是值得建筑师仔细推敲的。试想人们在辛苦工作一天后，通过快速交通工具穿过嘈杂的街道回家，希望入户后能立即感受到一种与外界完全不同的家的氛围，这就需要精心设计一个从紧张到放松的入口空间。在常规户型中，会在客厅和门之间设置一段狭窄的玄关供更衣换鞋之用，多数情况下，门一经开启室内主厅的活动变得一览无余，空间层级较为单调。与之形成对照，江浙传统民居在入口空间的处理上往往呈现出丰富、细腻的过渡层次，需要借前院、台门、廊、中心院落等交替转换实现一定的梯次序列。

大体上，可以将入口空间的组织划分为由院入厅和由厅入院两种类型，由院入厅是指从台门进入后先进入前院再进入厅室，给人的空间感受由开放到收束，过渡自然；而由厅入院则是反过来先进入厅室（或廊道）再进入前院（或中心院落），给人的感受是先收束而后豁然开朗，带有一定的趣味性和反差感。两种组织类型在江浙民居中皆有：浙中、浙东等地前者为主，苏南、浙北、浙西等地后者为主，其空间形态的共性是中轴对称，以横亘的廊作为院落与厅堂的过渡界面。

在现代中式住宅入口空间的创作中可以不必恪守与民居基因型在形式上的对称以及房间类型的完全对应，但需要遵循拓扑关系的对等，以维系传统入口空间特性的传承。本书将以上两种入口空间类型进一步细分为五种子类型（表 4-2），分别给出了每种类型下实现现代化转译的可能范例之一，期待能给读者启发。

表 4-2　江浙民居中常见的五类入口空间类型及其现代演绎策略

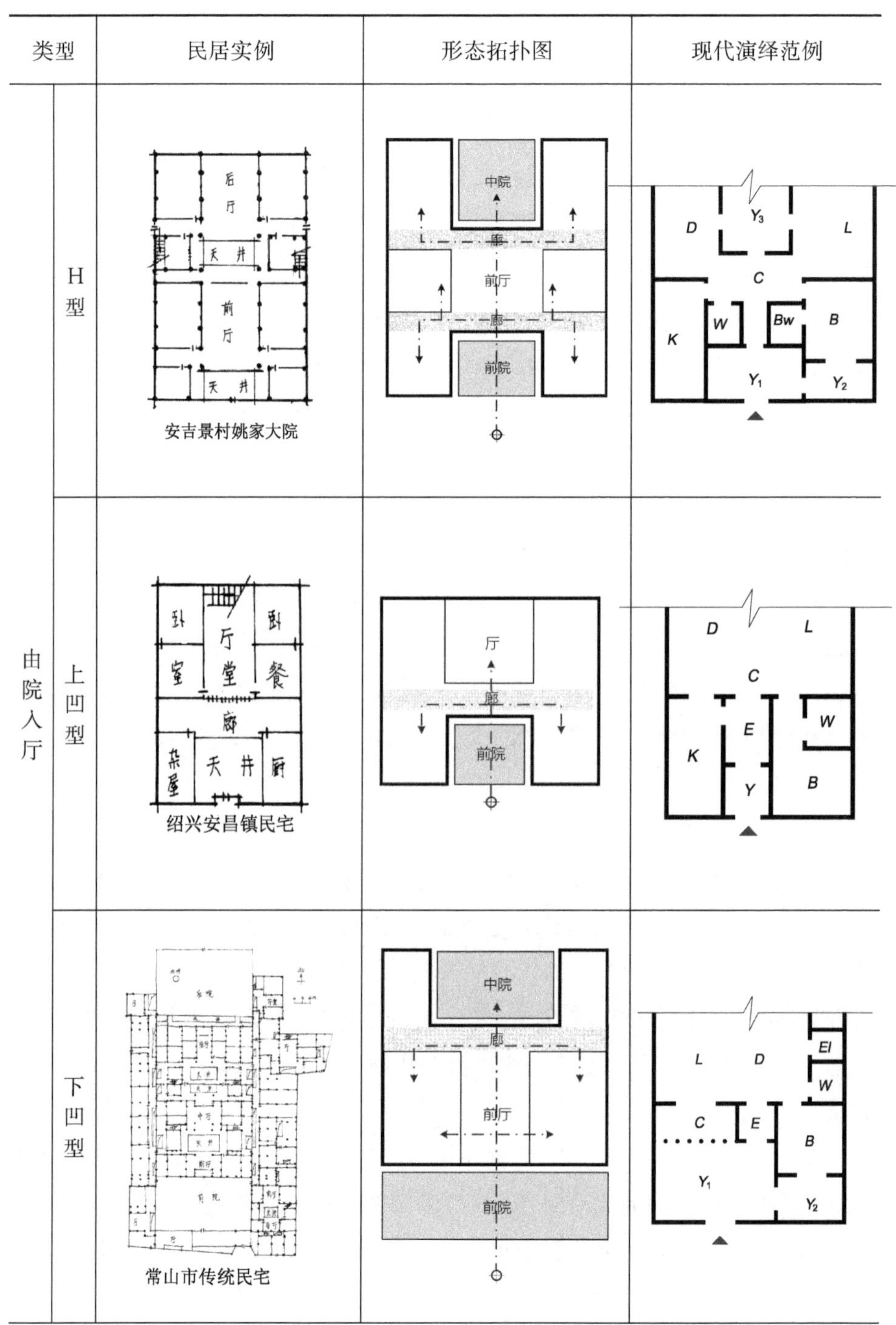

类型		民居实例	形态拓扑图	现代演绎范例
由院入厅	H型	安吉景村姚家大院		
	上凹型	绍兴安昌镇民宅		
	下凹型	常山市传统民宅		

（续表）

<table>
<tr><th colspan="2">类型</th><th>民居实例</th><th>形态拓扑图</th><th>现代演绎范例</th></tr>
<tr><td rowspan="2">由厅入院</td><td>厅引导</td><td>
武义县俞源上万春堂</td><td>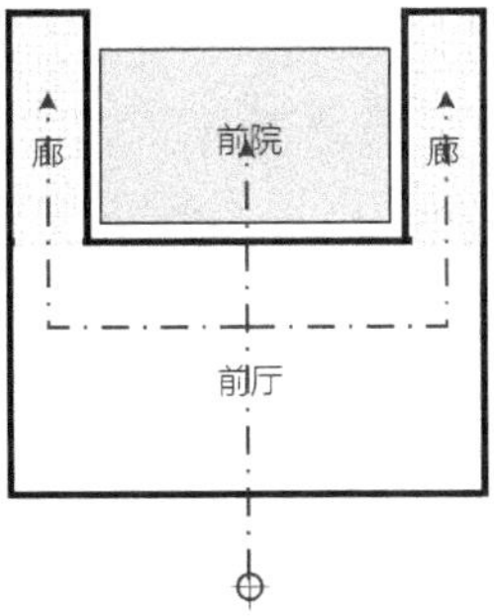
</td><td>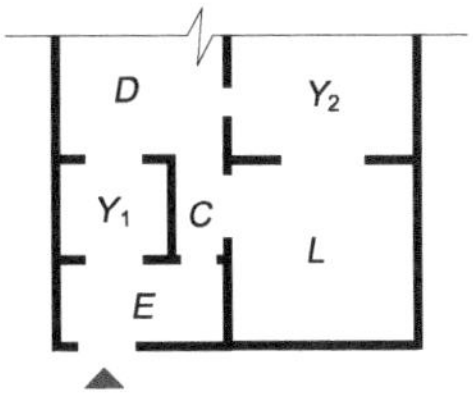
</td></tr>
<tr><td>廊引导</td><td>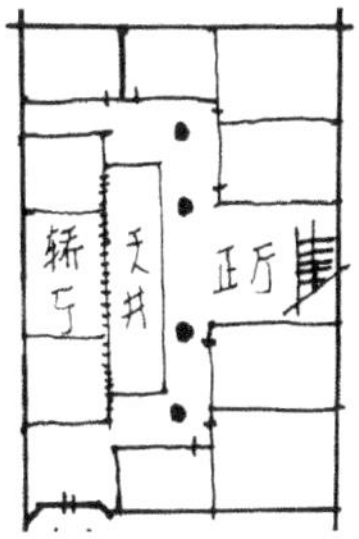

嵊州崇仁民宅</td><td>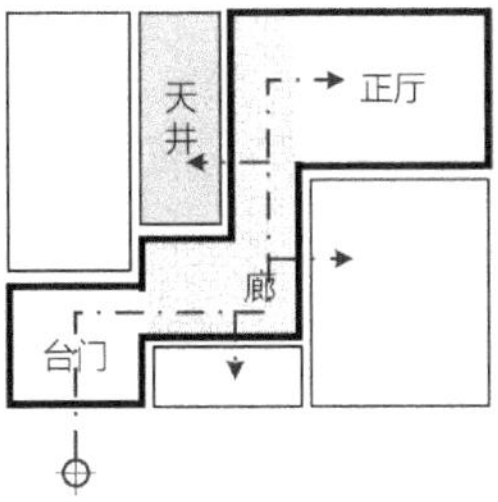
</td><td>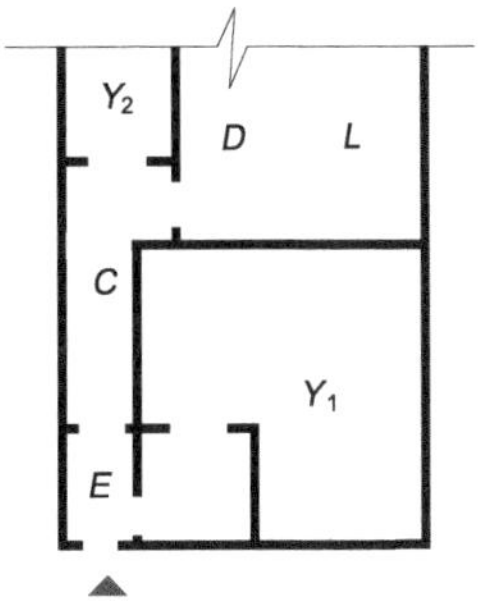
</td></tr>
</table>

如何实现综合以上四类“基因型”空间驱动下的中式户型创作？无外乎两种主要的途径：第一种是极化，集中选取某一类空间基因型并使之尖锐化，强化表达、彰显出该空间类型的中式特色，作为整个设计方案的核心概念或理念。因为这种方式需要凸显某一类主空间的表达，所以其余空间类型只能退居次要位置，在必要时甚至也可以牺牲一部分功能、面积等技术指标。第二种是叠合，多样化地选取多种空间基因型叠加融合到同一个设计方案中，由于同时兼顾到多方面空间的中式表达，能够实现中式户型的均衡性，在中式匹配度的评价体系下更占优势。当然，最终的空间效果取决于各部分空间类型叠加的比重，对建筑师的平衡与协同能力提出一定的要求。

4.3 空间类型和量值测度双支持下的空间设计流程

4.3.1 中式住宅空间设计中的突出问题

现代中式住宅作为中国当代建筑文化下一种独特的现象和风尚，在进入房地产市场不到20年的时间里已经涌现出一大批分布全国各地的“中式产品”。一方面，在如此短暂的时间内，各大地产商成功地将中式住宅的类型置于规模化的生产、运作并不断培育市场的热度，不可不谓一种奇观；另一方面，资本和商机在背后的推波助澜使得中式住宅膨胀为传播学的泡沫，宣传口号远大于实质内涵。实际上，不论从时间的经久意义上还是建成作品的水准上，现代中式住宅还远未形成一种“建筑类型”。

从户型空间的角度来评析，目前中式住宅的设计普遍存在以下问题和误区：

(1) 互相照搬借鉴，设计思路局限：现代中式住宅追求的目标是现代与传统的有机结合，传统是几千年积淀且稳定存在的，而现代住宅也已经有一个多世纪的发展历程，如何把二者结合在一起才是现代中式住宅创作的核心。因此，现代中式住宅贵在创新，或者说贵在创制一种不同于传统范式与现代范式的思维路径，只有这样，中国的传统居住精神与理想才能在当代有推动力和延续性。然而，当前大量所谓中式住宅产品缺乏基本层面的创新性，一些前卫建筑师的零星探索，不论好坏立即就被成群的效仿者淹没，转化为固定的格套。于是现代中式住宅模仿的对象从传统民居降格为几种通用万能的中式模板，所谓的设计蜕化为依葫芦画瓢的蓝图修改，导致创新受抑，思路受限。

(2) 注重表面化的形式主义，为中式而中式：中式住宅契合了当今中国传统文化复兴的潮流，对于具备一定消费能力与文化品位的中产阶级以上的人群有很大的吸引力，由于文化溢价效应，各地产商纷纷利用中式的噱头为本来平庸的产品包装造势。著名地产商、SOHO中国董事长潘石屹认为中式住宅的衡量标准就是“房子能够卖出去，只要市场愿意拿钱购买你的房子，这就是市场经济的标准[11]”。在这种唯经济论的导向下，许多所谓的现代中式住宅追求的就是一个文化卖点，追赶一下中国风的时髦，根本不会仔细考虑如何在空间设计中汲取传统民居的价值底蕴，实现文化传承的问题。因而我们所见的大量中式住宅仍停留在外立面上凭空嫁接符号、构件的形式主义水平，为了中式而中式。

(3) 对传统理解和挖掘不够深入：当前很多建筑师对各地域的传统民居缺少深入的调查研究，仅仅有一个大略粗浅的轮廓印象，这种情况下匆忙上手进行现代中式住宅的创作必然不会有优秀的作品。比如众多中式的地产宣传语、设计说明软文都把院子视作中国传统居住形态的最大特色，殊不知院绝非中国所有，也不是所有传统民居都一定带有院，此种过于宽泛的附会解读不仅导向平庸杂乱的设计实践，还会误导一般民众对传统文化的认知。要实现对传统居住建筑文化精髓的挖掘，需要熟悉传统空间的叙事逻辑、组构逻辑，集中在深层次"神"的把握上。挖掘传统还需要留意、觉察地域特色的问题，每个地域的传统民居或多或少存在差异，在中式住宅的创作中如能体现细腻的地域特征将是地域主义微观化的最好表现。

4.3.2 现代中式住宅空间设计的思维方法与流程

上述种种问题归咎起来，就是设计人员在面对现代中式住宅这一新的建筑类型时还缺乏完善的方法论支撑，设计过程中常发生顾此失彼、东拼西凑、自相矛盾的现象。因此，本节试图结合第三章的空间量化评价与本章的空间类型学策略，提出现代中式住宅空间设计的基本思维模式和方法体系，是指导当前发展的急需。

首先，我们把建筑设计(至少是空间设计)视为一门"理性艺术"，只有在这个大前提下学术研究才能成立，因为完全感性的艺术是无法分析的。换言之，建筑师构思方案的过程尽管可以被想象和直觉引导，但是它仍然被解析为某种理性化的行为，研究的目的就在于探寻一套有力的模式来解释、强化、支持设计中的理性。这种模式的本质是对方案设计过程中"计算思维"的提炼和建构，把原本模糊和凌乱的思维活动转化为目标清晰、步骤明确、易于操作的流程范式。

所谓"计算思维"(computational thinking)，是与实证思维、逻辑思维并列的三大理性思维的形式，计算思维的提出者美国卡内基梅隆大学(CMU)的周以真(Jeannette M. Wing)教授认为它代表着一种普遍的认知和一类普遍的技能，是 21 世纪每个人都要用到的基本工具[12]。计算思维有时被误解为计算(calculation)或某种局限在计算机科学领域的思维方式，其实它是当今信息时代人们利用模块分解、启发式推理、系统设计来解决复杂问题的通用型思维。在建筑设计的理性范畴中，同样也有明确的目标设定、层层递进的推断深化以及多种要素的条件约束，完全可以应用计算思维来设计相应的方法流程。值得注意的是，设计过程存在着不同于科学的一面，也就是本章开篇讨论的设计黑箱，它涉及从无到有的创造性活动，在人们完全摸透黑箱机制以前，暂且将它称为独立于前述三种理性思维的“设计思维”(design thinking)。我们将看到，建筑设计中的计算思维是一种囊括了实证、逻辑和设计思维的综合化的形态。

现代中式住宅空间设计的核心目标是设计出适宜于现代居住且能体现中国传统居住意境的方案，考虑到建筑设计是需要循环往复、不断修正优化的非线性流程，因此整体上可以视作一个“假设—检验”的循环体，具体实现流程见图 4-10。建筑师首先要收集、分析、梳理出本案中的外部约束条件，预测各影响因素的作用效果，制定出应对策略，对方案的可行域进行限定。其次，运用空间类型学的理论方法研究、解析本地域传统民居，归纳总结出若干种代表性的空间类型，这部分将研究贯穿到建筑设计的前期，是设计中实证思维的体现。然后以外部约束和内部概念两方面抽象内容作为素材，导入设计黑箱进行加工处理，输出为多种构想的方案形态。此时的方案还只是阶段性的假设，存在着多方面的缺陷，需要进入检验环节。对假设的评判诉诸经验预测和指标量算，前者基于设计人员丰富的直觉经验，通过预测建筑物的功能效果或从审美角度评价它的形式来检验构想方案的可行性；后者则利用我们前文得到统计验证的匹

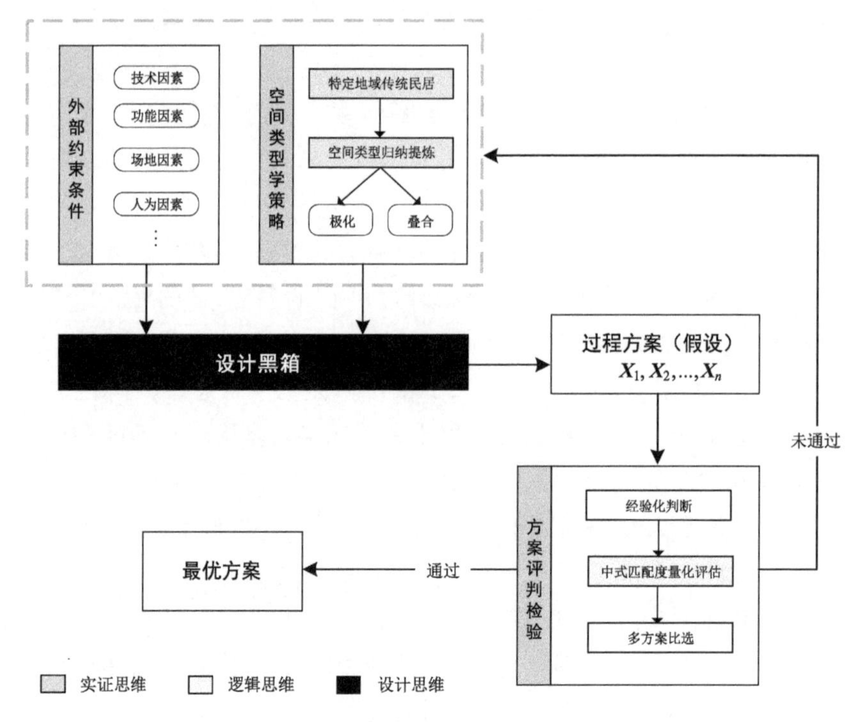

图 4-10 基于“假设—检验”循环模型的现代中式住宅空间设计流程

配度评分体系，借由理性推导实现其空间中式特征的客观检验。未通过检验的方案要求返回修改，通常需要重复多轮次的假设—检验过程，最终从多方案中择取各方面最优的方案作为最终方案。因此，整体设计的流程体现的是求解最优方案的计算思维，其中既包含了通常的设计思维，也有实证思维和逻辑思维。

4.3.3 调整与优化方法的实例阐述

上述在空间类型和量值测度双支持下的流程既可以作为完整中式住宅空间生成的方法论，同时也能作为对已有方案进行调整与优化的策略手段。相比于从无到有的户型创作，方案调整往往目标更明确、面对的问题更集中，也更容易在清晰的框架内开展操作。本节以近年江南地区市面上某建成的现代中式住宅产品为过程假设，进行中式匹配度的空间检验，继而进行空间类型的调整优化，作为对前文提出的基于“假设—检验”循环模型的现代中式住宅空间设计流程的实例阐述和验证。

选取的案例对象是蓝城集团 2018 年在上饶开发的江南里项目，项目定位为低层院落式别墅群，属于近年来典型的仿古中式住宅产品。研究从开发商已公布的户型资料中选出 WF1 型作为靶向户型，其建筑面积约 252 m^2，内含五房二厅四卫，首层平面图见 4-11 所示。仅从平面图中可以推测设计者的主要理

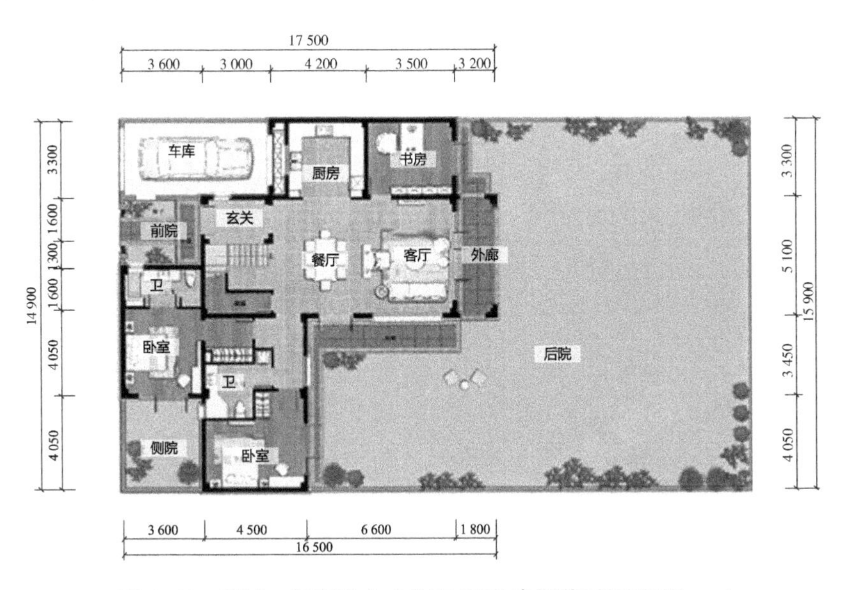

图 4-11 蓝城·江南里中式住宅 WF1 户型首层平面图(mm)

来源：https://shangrao.focus.cn/loupan/20038420/huxing/1516290.html

念——户内空间尽量集约紧凑，留出的面积均置于后方作为庭院。由于庭院一般不计入建筑面积直接赠送，因此尽可能压缩户内面积成为开发商的首选策略，类似本案例这种出乎寻常的庭院就是目前市场上普遍的做法。对此有两点需要澄清说明：第一，带有大型的前后院是欧美郊区别墅的典型特征，在中国各地的传统民居中都不存在挤压室内空间而腾留前后院的做法，即不符合中国自古以来内源性的居住理想（苏州园林民居虽然有后院，但中间的多重中心院落仍然是核心）；第二，纵使从经济角度出发也并不必然地导向前后院的单一结果，院落分散状地植入建筑可能会增加一部分廊道面积，但是会显著地提升室内的空间体验，反而成为区别于其他同类住宅产品的一大特色，形成增值回报。

考虑到研究对象是成品住宅，功能、技术、场地等各方面外部因素肯定得到了满足，因此我们对之的优化将聚焦在空间的中式特性上，并尽可能少地修改户内功能房间种类、个数、面积等指标。将本案例作为一个过程方案进入检验环节，默认通过经验化判断而直接进行中式匹配度的量化评估，延用本书第三章提出的整套指标方法，首先绘制其 M 型与 J 型拓扑图（图 4-12），然后据此统计出各项基础数据并按 3.4 节的公式计算出五项考评空间中式特性的量化指标，将结果整理至表 4-3，最后把实际数据转化为五分评价体系，绘制研究实例的初始中式匹配度评价雷达图（图 4-13）。

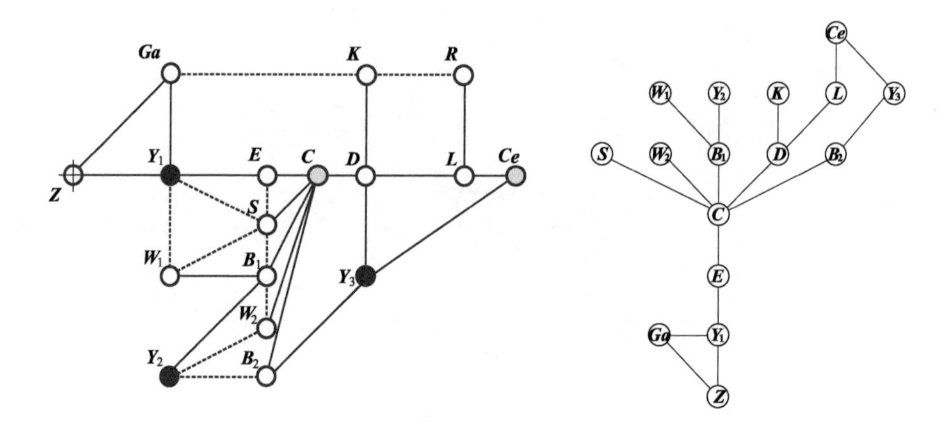

图 4-12　研究实例初始的 M 型图（左）和 J 型图（右）

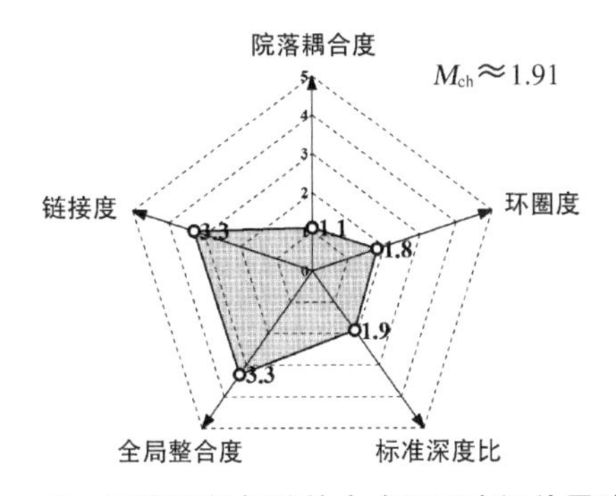

图 4-13　研究实例初始的中式匹配度评价雷达图

表 4-3　研究实例初始的基础数据和空间属性指标汇总表

基础数据							空间属性指标				
s	r	k	S	v	n	I	院落耦合度 Y_c *	环圈度 R *	标准深度比 S *	全局整合度 INT	链接度 C
5	4	2	19	1	16	2	0.596 7	0.275 6	0.749 4	0.931 7	1.386 8

检验结果表明，该户型方案的中式匹配度仅为 1.91，与 3.6 节中试验样本的均值 2.37 还有相当的落差。若以第三章我们选取的 24 个样本为参照，该案例的中式匹配度排序在倒数第四位，处于较低的水平，因此不能通过检验环节，需要重新调整优化。由雷达图反馈的信息来看，院落耦合度是初始方案最大的短板，得分仅为 1.1，其次是环圈度和标准深度比，得分均小于 2.0，这其实告诉我们着手方案优化的三个努力方向：①尽可能增加院落和室内的交互；②提升空间的回游性能；③降低户内空间抵达入口的步数。优化的手段是依靠传统民居空间基因型的植入与组配，本书采用较为稳妥的叠合策略，实际项目中我们往往需要多次尝试，生成多个调整方案，本书旨在说明方法，在此仅给出两个具体的优化以后的过程方案：

(1) 优化方案 A(图 4-14)：首先在初始方案中间置入四合院形制的中心院落，适当扩大前院，缩小后院尺度并区隔出动静两个外部空间，整体形成中心四合院＋多天井的院落布局。其次，在室内部分增加围院型廊空间，扩充、完善骨架型廊空间，形成两横三纵的整体结构，同时室外部分增加独立型廊空间，与景观台榭相连接。最后，在室内与室外、室内与室内等多处创造回游空间，此外保留初始方案中 H 型由院入厅的入口空间形制。

(2) 优化方案 B(图 4-15)：首先在初始方案中间偏前位置增加扁长性四合

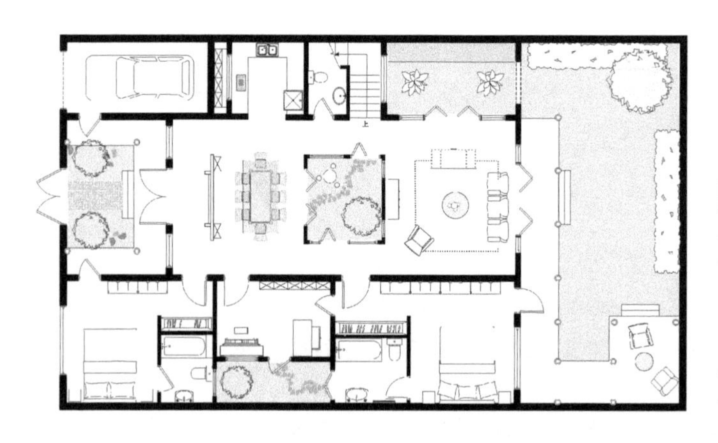

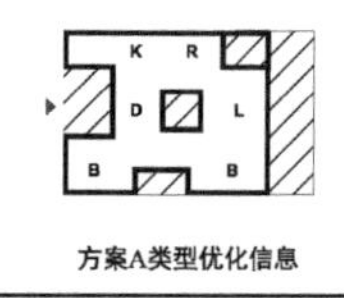

方案A类型优化信息

空间类型	拟用形制
中心院落	四合院+多天井
廊空间	围院型+骨架型+独立型
空间回游	合院一周 客房-前院-廊 书房-卧室-廊 卫-侧院 餐厅-侧院-后院
入口空间	H型由院入厅

图 4-14　优化方案 A 的首层户型平面示意图

院，把中心院落放在后方，形成总体 L 型＋多天井的院落布局。其次在室内部分增加围院型廊空间，扩充、完善骨架型廊空间，围院型廊空间占主导，使交通空间的景观效益最大化。然后更改初始方案入口空间类型为由厅入院，增设一个与前院对景的前厅作为室外和室内的缓冲空间。最后，在局部多处制造空间回游。

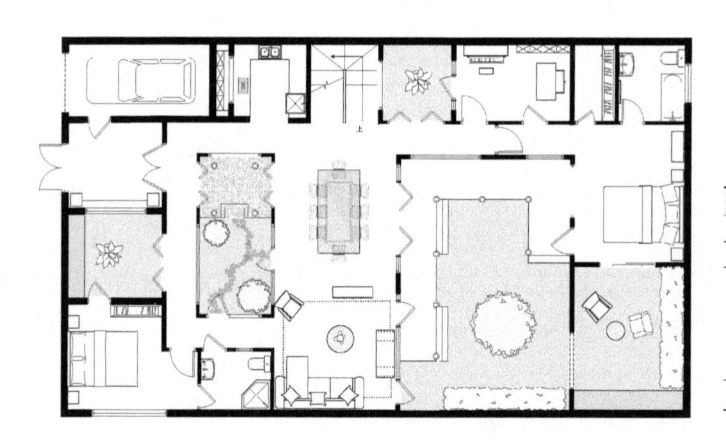

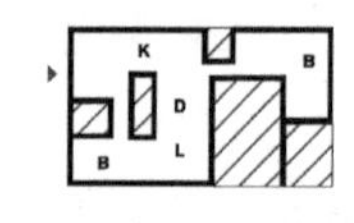

方案B类型优化信息

空间类型	拟用形制
中心院落	L型+多天井
廊空间	围院型主导
空间回游	合院一周 客房-前院-廊 书房-卧室-廊 卫-侧院 餐厅-客厅-廊
入口空间	由厅入院（前厅）

图 4-15　优化方案 B 的首层户型平面示意图

我们将上述两个经调整优化后的方案再次视作假设并进入检验环节，重复前述步骤，绘制两个优化方案的 M 型与 J 型拓扑图(图 4-16)，随后进行量化指标检测，将结果整理至表 4-4，最后把实际数据转化为五分评价体系，绘制两个方案的中式匹配度评价雷达图(图 4-17)。

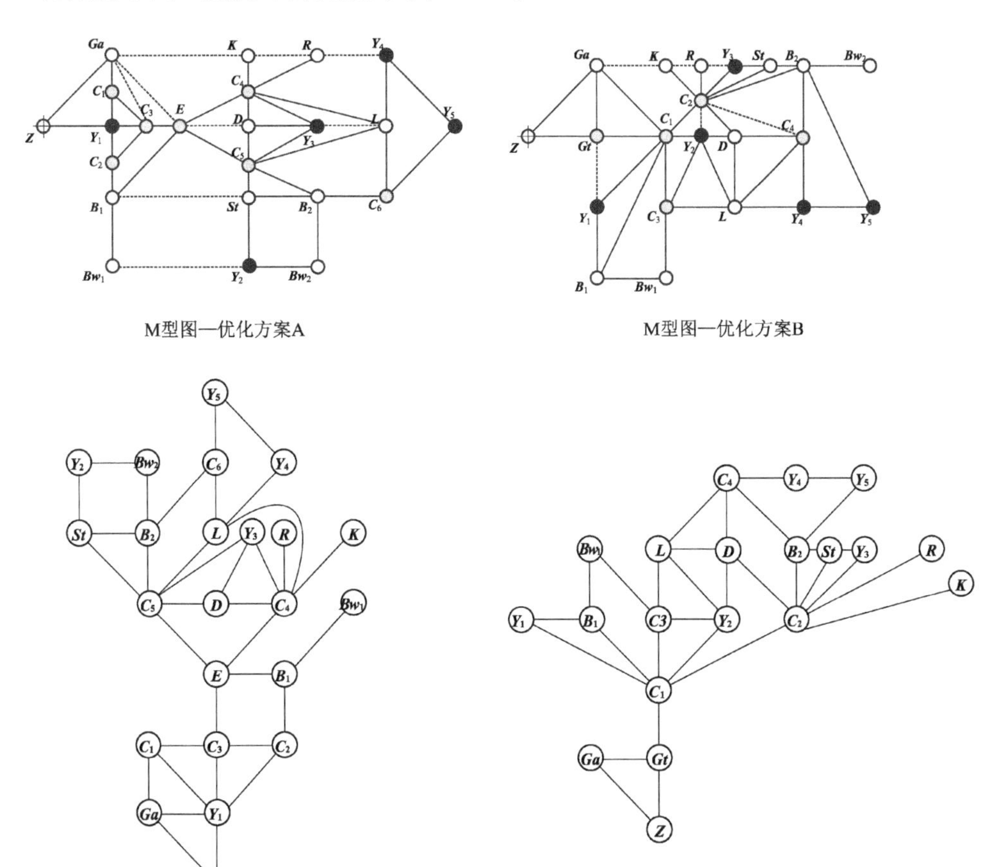

J型图—优化方案A　　J型图—优化方案B

图 4-16　两个优化方案的 M 型与 J 型拓扑图

表 4-4　两个优化方案的基础数据和空间属性指标汇总表

项目	基础数据							空间属性指标				
	s	r	k	S	v	n	I	院落耦合度 Y_c^*	环圈度 R^*	标准深度比 S^*	全局整合度 INT	链接度 C
优化方案 A	11	4	0	32	7	24	13	0.746 3	0.582 2	0.603 1	1.074 5	1.240 3
优化方案 B	12	3	0	31	6	18	11	0.769 3	0.638 1	0.608 3	1.360 0	1.313 7

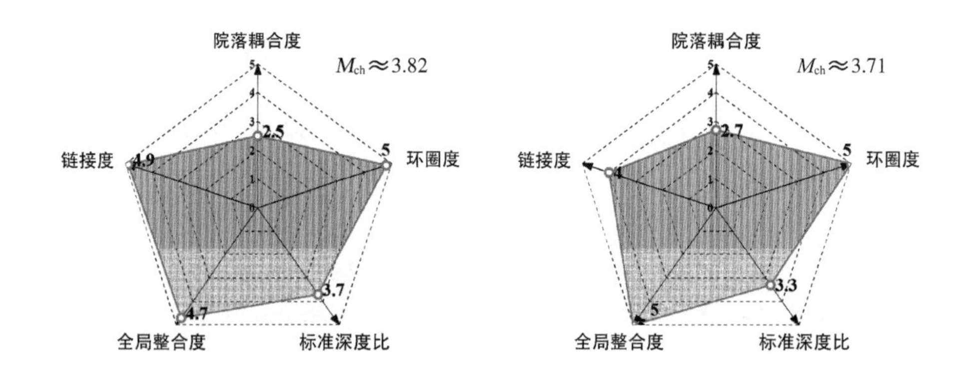

图 4-17　优化方案 A(左)与优化方案 B(右)的中式匹配度评价雷达图

检测结果表明，优化后的方案 A 和方案 B 的中式匹配度分别为 3.82 和 3.71，比初始方案提高了约 2 倍，在总体样本中也处于较高的水平，因此均可以通过中式特征的检验。观察两方案各项指标情况，得分结构具有近似性，不存在缺陷值，可以通过其他条件如个人偏好、面积大小等来决定最终采纳的方案。

参考文献

[1] 张波.建筑学科的学术化和理论积累的三种范式[J].建筑师，2019(1)：88-93.

[2] SALINGAROS N A. Christopher's Alexander's influence on Computer Science[DB/OL]. https://orz666. herokuapp. com/proxy/http://zeta. math. utsa. edu/～ yxk833/Chris.text.html #COMPUTER.

[3] LANGRIDGE, MEADOWS D. Knowledge and Communication : Essays on the Information Chain [M].London:Library Association, 1991: 1-18.

[4] 郭鹏宇，丁沃沃.走向综合的类型学:第三类型学和形态类型学比较分析[J].建筑师，2017(1):36-44.

[5] 马立，孔宇航，周典，等.设计结合建造:我国建筑运作模式的“并行化”操作研究[J].建筑学报，2019(4)：16-21.

[6] 董豫赣.天堂与乐园[M].北京:中国建筑工业出版社，2015：13-25.

[7] 黄颖，过伟敏.明中叶江南地区民居建筑新生空间“备弄”研究[J].艺术百家，2017，33(3):213-214.

[8] 周燕珉，林菊英.“空间回路”在中小户型住宅中的应用[J].建筑学报，2007(11):5-7.

[9] 齐伟民，汤洪震.探析中国南北方传统民居入口空间的形态与文化内涵[J].艺术科技，

2017,30(6):303,298,336.
[10] 汤洪震.中西方传统居住建筑入口空间形态设计比较研究[D].长春:吉林建筑大学,2018:6.
[11] 时国珍. 中国风:新本土居住典范[M]. 北京:中国城市出版社，2005:143.
[12] 李廉.计算思维:概念与挑战[J].中国大学教学,2012(1):7-12.

结语　迈向空间为导向的中式住宅评价与设计方法

倡导一种内源性的中国建筑风格，是贯穿中国现代性历程的重要线索，20世纪两次影响深远的西风东渐思潮及其伴生的建设活动，彻底割断了中国传统建筑延留续存的命脉。在人口急剧增长与城市化高速扩张的背景下，传统低层低密度的民居被迫挤出城市，取而代之的是快速、成规模开发、千篇一律的现代城市住宅。21世纪初，长期效仿西方的中国房地产市场终于迎来了转机，自下而上地涌现出一大批分布全国各地的中式住宅，实现了在当代都市中营造承续传统文脉的理想居所，一经推出便受到市场和大众的追捧。然而，中式住宅十余年的兴替繁荣的背后，市场行为始终主导着发展的动向，这无疑酿成了理论思维的薄弱和学术体系的阙如，因此出现了创新成分少、照搬现象严重、停留于表面形式等诸多问题。

本书提出的“迈向空间为导向的中式住宅”体系是从建筑学理论高度来审视中式住宅现象的一次尝试，围绕着“中式住宅的核心特质为何”的基本问题展开探讨，通过庞杂要素的剥离与层层深入，最终提炼出作为组构的空间是实现中国传统居住精神向现代住宅传递的关键。运用空间量化解析的手段，将江浙传统民居和建成的中式住宅项目作为样本进行实证研究，据此构建以中式匹配度为目标函数的分值评价体系，力图以数据化、客观化与科学化的方式对住宅空间的中式性状予以评价。具体到实践操作，基于空间类型和量值测度的中式住宅空间设计需要转变直觉主导的设计范式，将空间设计纳入理性艺术的范畴，思路整体上可以用“假设—检验”的循环算法来总括，使研究的学术成果能够与中式住宅的设计实践对接耦合。具体结论如下：

(1) 作为组构的空间应成为中式住宅设计的内核

归根到底，中式是修饰于住宅的一种文化符号，援引符号学的理论对之明示和隐喻维度进行意义析解，把中式住宅定义为嵌入一层或多层关乎传统中国居住精神信息层的，且能与住户有效通信交流的实体信宿。为了剖析其中不同要素涵纳与传递的信息，采用“切分法”把作为整体认知的中式符号系统拆解为规划、景观与建筑三大对象单元，建筑类目下继续分解出内部空间、形体等六个子要素，经过逐一的要素解码，区分出图像性（造型）与象征性（空间）两类主体符号。其中，造型符号虽然直观易辨，但是作用层次较浅，并且具有一定的迷惑性，常被开发商利用以制造广告效应。而空间符号能够与居住者的行为、体验发生持续性的关联，由于它具备更确凿的恒定结构，信息交流不易被噪声扰动，稳定性更好。

中式住宅的空间应该能够继承传统民居的空间特征，由于古今的技术水平、场地条件、生活模式存在很大的差异，因此联系几乎不可能发生在诸如空间状态、大小、尺度等物理属性上，而只能体现在空间的组构属性上。空间组构能揭示操纵复杂表象背后的规则，直抵本质，是传统和现代居住空间可兹交互的基石，理应成为驱动中式住宅创作与研究的内核。

(2) 以中式匹配度为目标函数的多指标评价体系

聚焦于空间组构，考察梳理江浙传统民居在长期历史中积淀下形成的独特空间样态，结合国内外空间量化研究领域的前沿成果，最终确立了五个不同视角考察住宅中式性状的评价指标，它们都消除了规模的影响，具备通用性。其中院落耦合度用以刻画建筑室内空间和室外空间（院、天井）的交互程度，标准深度比用以刻画建筑内空间的序列性，全局整合度用以刻画建筑内所有空间的集成性能，环圈度用以刻画建筑内空间的回游流通性能，链接度用以刻画建筑内交通空间在系统中的组织效能。以随机遴选不同时期、地区、品牌的 24 个已建成中式住宅项目与 10 个江浙传统民居分别作为研究组与参照组的样本，应用上述五项指标进行量值计算，并对结果予以严格的统计学分析，包括正态性假设与参数点估计。所得结果验证了各项指标的效度，同时大致推断出当前中式住宅的平均分布水平。进一步，研究用层次分析法综合五项指标，最后定义目标函数——中式匹配度（M_{ch}），以直观的分值形式评判现代中式住宅与江浙传统民居在空间拓扑属性层次的吻合程度。该评分体系可以为一般的现代中式住宅评论提供建基于建筑学意义上的，衡量其空间中式程度的客观依据，弥补模棱两可的主观叙述。

(3) 空间类型和量值测度双支持下的空间设计流程

对中式住宅组构的研究不仅能应用在学术研究层次，还能够将理论研究成果转化为方法论，直接为建筑师提供策略依据与实践支持。鉴于此，研究从研究者逐渐切换到设计者的视角，探讨在思维模式与策略方法上实现住宅空间设计中式化的可能性。建筑设计并非一味依赖于感性直觉的过程，研究证实了至少在空间设计层面完全可以被纳入理性的轨道。受计算思维概念的启发，研究提出了空间类型和量值测度双支持下的中式居住空间的设计流程，在程序上表现为基于“假设—检验”的循环结构。把原本模糊和凌乱的设计活动转化为目标清晰、步骤明确、易于操作的流程范式，整体设计的流程体现的是求解最优方案的计算思维，并且以市面上某款住宅产品作为修正性实例，阐释与验证了该流程的具体应用步骤和最终成效。

必须承认，中式住宅的发展尚处起步阶段，对传统民居智慧及转化机制的探寻还远未成型，前景可期。我们呼吁业界、学界对现代中式住宅投入更大的关注力度，因为它不仅关乎我们居住文化的集体记忆，还预示了文化自信时代中国未来城市发展的美好未来。

后　记

搁笔而思，掩卷有感，本书的写作自发现问题、确立选题到最终修订成稿，前后陆续已历经六年有余。在这期间，“中国元素”在中国纷繁的房地产图景下日趋成为引领性的行业风向，每年都涌现出一大批鱼龙混杂的创作实践，被冠以各种附会中国传统的华丽辞藻进入营销市场，这些都被持续地纳入补充到本书的研究过程中。就现阶段的发展看，仅停留在形式语汇的新中式住宅愈益泛化，竞争力远不如从前，而一些在户型空间层面推陈出新的项目反倒备受民众青睐，这也印证了研究聚焦于空间类型的视野选择是合理且具备预见性的。

在既有的学术领域中，现代中式住宅并没有构成一个严谨客观的“理论对象”(theoretical object)，更多集中在关于风格的“意识形态”层面的探讨。因此，本书研究面临的首要瓶颈是如何为现代中式住宅建构科学的对象，这一时期是写作过程中最为徨惑的阶段：作为建筑师需要面面俱到，而作为研究者则需要极深研几，意味着就一个问题展开尖锐化的研究、论证和阐述。在拟定了空间作为深入的对象后，才充分意识到研究在方法论构建、样本案例择取和研究边界确立等方面的重重难度。居住建筑的空间组构看似简单，实则变化万千，难于总括单一的模式规律。幸运的是，在研究现代中式住宅和中国传统民居的空间组构比较中，发现了具有统计学意义的规律和结论，实现了关键性的突破。在科学研究过程中对未知知识的发现所获得的欣慰和喜悦，难以言喻，至今历历在目。

在极为强调实际建造的建筑学科开展相对抽象的学术研究工作绝非易事，尽管最终导向都是服务于设计实践，但在当下建筑学的背景体系下，能够主动应用诸如空间句法等前沿工具辅助创作的建筑师仍寥寥无几。顾及受众群体的广度，本书的写作尽可能做到循序渐进，在对基本原理进行了详实的解析后方才进一步应用，虽有煞费笔墨之嫌，却是必要的，有助于建筑师加深对空间量化分析作为辅助性技术手段的内涵认知。

由于国内尚缺乏更多研究成果的参照，笔者援引了大量外文文献，限于有限的专业水平和语言水平，本书难免存在谬误、疏漏之初，望专家和读者对本书内容予以批评和指正。

吴屹豪

2019年11月 于同济大学明成楼